Sébastien d'ABOVILLE

Filles extra-ordinaires

25 histoires pour comprendre et apprendre à surmonter ses différences (Manque de confiance en soi, allergies, hypersensibilité...)

CONTENTS

Introduction

1. Surmonter la dyslexie : Le voyage de Mélanie — 1
2. Romane et le courage face au bégaiement — 7
3. Manque de confiance en soi : la métamorphose de Jessy — 13
4. Allergies alimentaires et créativité : le succès de Stéphanie — 19
5. Mathilda et la maîtrise des TOC — 25
6. Anne : danser avec la dyspraxie — 31
7. Précocité et imaginaire : les histoires de Léa — 38
8. À travers les étoiles : Caroline et sa déficience visuelle — 45
9. Nina : transformer l'hyperactivité en talent musical — 52
10. Dyscalculie et géométrie : le talent caché de cécile — 58
11. Les dragons de Marine : l'inspiration d'une artiste autiste — 65
12. Les jeux éducatifs d'Imane : une réponse à sa phobie scolaire — 71
13. La magie des jeux de mémoire : Louisa et ses problèmes de concentration — 77
14. L'asthme maîtrisé : Cloé trouve sa voix dans le chant — 83
15. Le piano d'Elise : surmonter une malformation de la main — 89

16. Juliette : de la surdité à l'enseignement de la langue des signes — 95

17. Hypersensible et passionnée : Sophie dévoile les secrets des plantes — 102

18. Alexandra : la dysphasie transformée en symphonie émotionnelle — 109

19. Troubles de l'attention et passion pour l'art : Jade et ses rêves en couleurs — 115

20. Réviser avec Claire : quand la mémoire eidétique transforme l'histoire en jeu — 122

21. Souffle au cœur et détermination : l'inspiration de Sarah — 128

22. De la timidité à la lumière : Léa et son voyage théâtral — 134

23. Découverte accessible : Maya et son voyage en fauteuil roulant — 140

24. Morgane : de la dysorthographie à la maîtrise du conte — 146

25. Chant et élocution : Émilie déploie sa voix au-delà des troubles — 153

CONCLUSION — 161

— 165

INTRODUCTION

Bienvenue dans un monde où les défis se transforment en tremplins vers le succès. Ce livre est une célébration de la résilience, de la créativité et du courage. Chaque chapitre est une histoire de transformation et d'acceptation, dévoilant comment des enfants et adolescents, tout comme toi, ont utilisé leurs difficultés pour révéler leurs véritables talents.

- **Mélanie** et **Romane** t'enseignent comment les mots et la parole peuvent devenir des outils de pouvoir, malgré les obstacles de la dyslexie et du bégaiement.

- **Jessy** et **Stéphanie** te montrent que la confiance en soi et la créativité sont les clés pour surmonter les peurs et les allergies.

- **Mathilda**, **Anne**, et **Léa** transforment leurs défis, qu'ils soient TOC, dyspraxie, ou une imagination débordante, en véritables talents qui inspirent et éduquent.

- **Caroline** et **Nina** utilisent leur déficience visuelle et leur hyperactivité pour briller à travers les étoiles et la musique.

Ce livre n'est pas seulement une série de biographies inspirantes; c'est un guide qui t'encourage à voir au-delà de tes propres défis. Il te rappelle que, peu importe les obstacles—qu'ils touchent l'apprentissage, le physique ou les émotions—chaque difficulté cache une force unique prête à être découverte.

À la fin de chaque chapitre, tu trouveras des questions de réflexion pour continuer à explorer comment ces histoires peuvent s'appliquer à ta propre vie. C'est une invitation à discuter, à penser et à grandir, que tu sois confronté à des défis similaires ou que tu souhaites simplement comprendre et soutenir les autres dans leur parcours.

Ouvre ce livre avec curiosité et courage. Prépare-toi à être inspiré, à apprendre, et peut-être, à commencer à écrire ton propre récit de résilience et de succès.

Bonne lecture !

1. SURMONTER LA DYSLEXIE : LE VOYAGE DE MÉLANIE

Un début difficile

Mélanie, dix ans, était une enfant vive et imaginative. Elle adorait dessiner, créer des histoires dans sa tête, et ses amis la trouvaient toujours inventive. Pourtant, il y avait une chose qui la mettait en difficulté : la lecture. Chaque fois qu'elle ouvrait un livre, les mots semblaient se brouiller. Les lettres se mélangeaient, se déplaçaient, et parfois, elle avait l'impression que les phrases changeaient d'ordre. Cela la frustrait énormément.

Les enseignants la voyaient comme une élève intelligente, mais ils ne comprenaient pas pourquoi elle avait tant de mal à lire. Les autres élèves avaient rapidement appris à lire à voix haute, à suivre les textes et à comprendre les consignes, mais pour

Mélanie, c'était un combat permanent. Elle peinait à suivre le rythme de la classe. Alors que ses camarades terminaient rapidement leurs exercices de lecture, elle était encore bloquée sur la première page.

À la maison, ses parents, inquiets, l'encourageaient à pratiquer davantage. Mais plus elle lisait, plus la frustration grandissait. Elle se sentait seule et incapable. Ses parents décidèrent alors de consulter un spécialiste. Après plusieurs tests, le diagnostic tomba : Mélanie souffrait de dyslexie, un trouble qui affectait sa capacité à lire et à écrire.

L'incompréhension des camarades

La situation de Mélanie ne s'améliora pas immédiatement. Bien que le diagnostic ait apporté une certaine clarté à ses difficultés, ses camarades ne comprenaient pas ce qu'était la dyslexie. Ils la voyaient toujours lutter avec les mots, trébucher sur les syllabes et peiner à terminer ses lectures.

Un jour, lors d'un exercice de lecture à voix haute, Mélanie hésitait sur un mot difficile. « Allez, dépêche-toi ! » lui lança un camarade avec impatience. « Tu es trop lente ! » Ces moqueries l'atteignaient en plein cœur. À chaque remarque, elle se sentait de plus en plus isolée. « Pourquoi ne suis-je pas comme eux ? » se demandait-elle.

Les enfants, souvent mal informés, la surnommèrent « la tortue de la lecture ». Même si certains ne disaient rien directement, leurs regards en disaient long. Cela la faisait se renfermer davantage. Mélanie voulait juste être comme tout le monde, lire sans difficulté, comprendre les textes sans se battre contre chaque mot.

Le déclic : une autre manière de lire

Un jour, alors qu'elle se trouvait à la bibliothèque avec sa mère, Mélanie tomba sur un livre audio. Ce fut une découverte incroyable pour elle. En écoutant les histoires plutôt qu'en essayant de les lire, elle se sentit libérée. Elle pouvait enfin comprendre et suivre le récit sans que les mots ne se mélangent dans sa tête. Ce fut un moment décisif pour elle. « Si je ne peux pas lire avec mes yeux, je vais lire avec mes oreilles », se dit-elle.

Avec l'aide de ses parents, Mélanie commença à explorer le monde des livres audio. Chaque soir, elle écoutait des histoires passionnantes, découvrant des mondes fantastiques qu'elle avait toujours voulu explorer mais qui lui avaient été inaccessibles à cause de sa dyslexie. Cela raviva son amour pour les histoires et la lecture, même si elle ne lisait pas de manière traditionnelle.

L'aide d'une orthophoniste

Ses parents, voulant l'aider encore plus, l'emmenèrent chez une orthophoniste spécialisée dans la dyslexie. Cette professionnelle lui montra des techniques pour mieux déchiffrer les mots et comprendre les textes. Mélanie apprit à utiliser des outils adaptés, comme des règles de lecture spéciales qui lui permettaient de suivre les lignes une par une sans que les lettres ne se mélangent. Elle découvrit également des polices de caractères spécifiques conçues pour les dyslexiques, qui rendaient la lecture plus facile et moins fatigante pour elle.

Peu à peu, Mélanie commença à reprendre confiance en elle. Certes, elle avait encore des difficultés, mais elle savait qu'il existait des moyens de contourner ces obstacles. Grâce aux livres audio, aux outils visuels, et au soutien de son orthophoniste, elle développa une nouvelle manière d'aborder la lecture.

La découverte du théâtre

Un autre tournant dans la vie de Mélanie arriva lorsque le collège organisa un atelier de théâtre. Au début, elle hésita à y participer, pensant que cela impliquerait encore une fois de devoir lire des textes à voix haute. Mais à la grande surprise de

Mélanie, le théâtre ne reposait pas uniquement sur la lecture. Il s'agissait aussi d'exprimer des émotions, de jouer des rôles, et de mémoriser des répliques. L'enseignante de théâtre, Mme Lefèvre, lui donna confiance.

Elle encouragea Mélanie à apprendre ses répliques par cœur, en les répétant à haute voix plutôt qu'en lisant directement le texte. Cela fonctionna à merveille. En écoutant les répliques et en les répétant, Mélanie découvrit qu'elle pouvait mémoriser les dialogues beaucoup plus facilement qu'elle ne l'aurait cru. Elle prit goût à la scène, où elle ne se sentait plus limitée par les mots écrits. Elle devenait une autre personne, libre de s'exprimer sans les contraintes de la dyslexie.

Le théâtre devint alors un espace de liberté pour Mélanie. Elle brilla lors de la représentation finale, où ses camarades la virent sous un nouveau jour. Elle, qui était souvent moquée pour sa lenteur en lecture, se tenait désormais sur scène, confiante et pleine de vie.

Le soutien des camarades

Le succès de Mélanie au théâtre marqua un tournant dans ses relations avec ses camarades. Ceux qui se moquaient d'elle commencèrent à la voir différemment. Ils réalisèrent que, bien que Mélanie ait des difficultés avec la lecture, elle avait des talents incroyables dans d'autres domaines. Ils commencèrent à s'intéresser à sa manière de travailler et à découvrir ce qu'était vraiment la dyslexie.

Un jour, l'une de ses camarades, Clara, vint la voir après la classe. « Je ne savais pas que c'était si dur pour toi, Mélanie. Mais tu es tellement forte pour apprendre tes répliques ! Comment fais-tu ? » Mélanie, touchée par cette question, expliqua ses techniques pour apprendre les textes sans les lire. Elle parla des livres audio, des répétitions à haute voix, et de l'importance d'écouter plutôt que de lire.

Clara fut impressionnée. Peu à peu, d'autres camarades suivirent, et Mélanie devint un exemple de persévérance. Elle leur montra que même avec des difficultés, il était possible de trouver des solutions et de réussir autrement.

Les outils pour surmonter la dyslexie

Tout au long de son parcours, Mélanie découvrit plusieurs outils qui l'aidèrent à mieux vivre avec sa dyslexie et à surmonter ses difficultés en lecture :

1. **Les livres audio** : Pour Mélanie, les livres audio furent une révélation. Ils lui permirent d'accéder aux histoires sans se heurter aux obstacles des mots écrits.

2. **Les règles de lecture et les polices adaptées** : Des outils comme les règles de lecture, qui l'aidaient à suivre une ligne à la fois, et les polices adaptées aux dyslexiques lui facilitèrent grandement la tâche.

3. **La répétition à haute voix** : Au lieu de lire, Mélanie mémorisait ses textes en les écoutant et en les répétant à haute voix. Cette méthode lui permettait d'apprendre sans être freinée par les difficultés de lecture.

4. **Le théâtre et l'expression orale** : Le théâtre devint pour Mélanie un moyen d'expression où la lecture ne dictait pas sa réussite. Grâce à l'art de la scène, elle découvrit une nouvelle façon de s'exprimer et de briller.

Conclusion : Réinventer la lecture

L'histoire de Mélanie montre qu'il est possible de surmonter les difficultés liées à la dyslexie en adoptant une approche différente. Mélanie comprit que, même si elle ne pouvait pas lire comme les autres, elle avait d'autres moyens d'apprendre et de s'épanouir. En s'appuyant sur les livres audio, le théâtre, et le soutien de son entourage, elle réinventa la manière dont elle approchait la lecture. Son parcours est un exemple de résilience, de persévérance, et d'acceptation de soi.

Questions de réflexion :

1. Comment Mélanie a-t-elle utilisé des outils comme les livres audio et le théâtre pour contourner les obstacles posés par la dyslexie ?

2. Pourquoi est-il important de trouver des solutions adaptées à ses propres besoins plutôt que de se comparer aux autres ?

2. ROMANE ET LE COURAGE FACE AU BÉGAIEMENT

Les premiers signes de difficultés

Romane, âgée de onze ans, était une élève brillante et pleine d'idées. Elle adorait partager ses pensées, mais lorsqu'il s'agissait de les exprimer à haute voix, les mots semblaient se coincer dans sa gorge. Le bégaiement faisait partie de sa vie depuis qu'elle était toute petite, et malgré ses efforts, elle n'arrivait pas à surmonter cette difficulté. Chaque fois qu'elle essayait de parler devant ses camarades, elle se sentait piégée dans ses propres mots.

Au collège, Romane essayait de se fondre dans le groupe sans attirer l'attention sur son bégaiement. Mais cela ne fonctionnait pas toujours. Lorsqu'un enseignant lui demandait de lire à voix haute ou de répondre à une question, elle sentait la pression monter. Les mots sortaient alors en saccades, entrecoupés de silences frustrants. Parfois, certains élèves riaient doucement lorsqu'elle bégayait. Cela la blessait profondément, mais elle se contentait de détourner le regard, espérant que le moment passerait vite.

Les moqueries et l'incompréhension

À mesure que les années passaient, les remarques des camarades devinrent plus dures. « Pourquoi tu parles comme ça, Romane ? » lui demanda un jour un élève avec un sourire moqueur. « Tu ne sais même pas dire ton nom correctement. » Ces mots résonnèrent en elle comme des coups. Romane se sentait incomprise, isolée dans un monde où chaque mot devenait une bataille.

Elle s'éloigna de plus en plus des discussions de groupe, de peur de faire face aux moqueries. Même si elle avait des choses intéressantes à dire, elle préférait se taire pour éviter d'être ridiculisée. Ses amis la soutenaient, mais ils ne savaient pas vraiment comment l'aider. Romane se sentait prisonnière de son propre corps, de sa propre voix.

Ses enseignants, bien qu'ils aient conscience de son trouble, ne savaient pas toujours comment l'inclure sans la mettre mal à l'aise. Les présentations orales, les débats en classe, tout cela devenait des épreuves insurmontables pour elle. Chaque nouvelle année scolaire semblait plus difficile que la précédente, car les exigences en matière de prise de parole augmentaient.

La rencontre qui change tout

Un jour, alors que Romane se rendait à une réunion d'information organisée par le collège sur les troubles de la parole, elle fit la rencontre de Mme Dubois, une orthophoniste spécialisée dans le bégaiement. Mme Dubois avait elle-même souffert de bégaiement durant son enfance, et elle savait exactement ce que Romane traversait. Elle l'accueillit avec un sourire bienveillant et lui dit : « Tu sais, Romane, bégayer ne définit pas qui tu es. Ce n'est qu'une partie de toi. Tu peux apprendre à gérer ton bégaiement et à le transformer en force. »

Ces mots marquèrent Romane. Pour la première fois, quelqu'un lui disait que son bégaiement ne devait pas être un obstacle insurmontable. Mme Dubois lui proposa de suivre des séances d'orthophonie pour l'aider à mieux contrôler son élocution. Ensemble, elles commencèrent un long chemin d'apprentissage.

L'orthophonie et les outils pour gérer le bégaiement

Durant les séances, Mme Dubois montra à Romane plusieurs techniques pour l'aider à mieux parler. L'une des premières méthodes qu'elle apprit fut la technique de la respiration. « Respire profondément avant de commencer à parler », lui expliquait Mme Dubois. « Cela t'aidera à relâcher la tension dans ton corps et à mieux gérer tes mots. »

Romane apprit également à utiliser la technique du rythme. « Parle lentement, en marquant des pauses naturelles entre chaque mot », lui conseilla son orthophoniste. Ces pauses permettaient à Romane de reprendre le contrôle de son discours et d'éviter de se bloquer sur les syllabes.

Un autre outil clé fut l'utilisation des gestes pour accompagner ses paroles. Mme Dubois expliqua à Romane que bouger doucement les mains ou les doigts pendant qu'elle parlait l'aiderait à maintenir un rythme régulier et à relâcher la pression. Ces petits gestes devinrent un moyen discret mais efficace pour Romane de garder le contrôle de son bégaiement.

Peu à peu, Romane vit des progrès. Elle n'arrêtait pas totalement de bégayer, mais elle apprenait à mieux gérer son trouble et à ne plus en avoir honte. Elle réalisa que son bégaiement ne devait pas l'empêcher de s'exprimer, et que les autres finiraient par s'y habituer. L'important était qu'elle puisse partager ses idées.

Le défi du discours

Au bout de quelques mois de travail avec Mme Dubois, un grand défi se présenta à Romane. Le collège organisait un concours de discours, et chaque élève de sa classe devait préparer une présentation de trois minutes sur un sujet de leur choix. Rien que l'idée de parler devant toute la classe et les enseignants suffisait à provoquer une montée de panique chez Romane. « Je ne peux pas le faire », se dit-elle. « Ils vont tous se moquer de moi. »

Mais Mme Dubois, qui croyait en elle, l'encouragea à tenter l'expérience. « Romane, tu as tant à dire. Ne laisse pas ton bégaiement te voler cette opportunité. Tu es capable de le faire, et je serai là pour t'aider à te préparer. » Romane, bien qu'hésitante, accepta de relever le défi.

Elle choisit de parler de l'importance de l'empathie et de la bienveillance, un sujet qui lui tenait particulièrement à cœur. Durant des semaines, elle s'entraîna sans relâche. Avec Mme Dubois, elle apprit à maîtriser son stress, à respirer calmement avant de commencer à parler, et à utiliser les techniques qu'elle avait apprises pour éviter les blocages. Chaque jour, elle répétait son discours à voix haute, devant le miroir, puis devant ses parents.

Le jour du concours

Le jour du concours, Romane était à la fois nerveuse et excitée. La salle était pleine de ses camarades et des enseignants, tous assis, attendant de l'écouter. Le cœur battant, elle se leva et marcha vers l'estrade. Elle pouvait sentir le poids des regards sur elle, et l'angoisse monta en flèche. Mais elle se rappela les conseils de Mme Dubois : respirer, prendre son temps, et se concentrer sur ce qu'elle voulait dire plutôt que sur la manière dont elle le dirait.

Romane commença son discours. Les premières secondes furent

difficiles, et elle sentit son bégaiement revenir, mais au lieu de céder à la panique, elle appliqua les techniques qu'elle avait apprises. Elle ralentit son rythme, prit de grandes respirations, et continua. Petit à petit, les mots coulèrent plus facilement, et elle se mit à raconter son histoire avec assurance.

Le message de son discours sur l'empathie et la bienveillance touchait profondément l'audience. Romane expliquait comment les moqueries et l'incompréhension peuvent blesser, mais qu'un simple geste de gentillesse peut tout changer. À la fin de son discours, la salle était silencieuse. Puis, un tonnerre d'applaudissements éclata. Romane, émue, sourit pour la première fois depuis longtemps devant tout le monde.

Une nouvelle perception de soi

Ce concours marqua un tournant dans la vie de Romane. Elle comprit que son bégaiement ne la définissait pas, et que malgré ses difficultés, elle pouvait s'exprimer et faire passer ses idées. Les moqueries s'arrêtèrent, et ses camarades la virent sous un nouveau jour. Ils réalisèrent que Romane, malgré son trouble, avait une force intérieure incroyable.

Elle continua à utiliser les outils que Mme Dubois lui avait enseignés, non seulement pour gérer son bégaiement, mais aussi pour prendre confiance en elle. Peu à peu, elle devint plus à l'aise à l'oral, et elle se mit même à aider d'autres élèves qui avaient des difficultés similaires.

Les outils pour surmonter le bégaiement

Romane apprit plusieurs techniques et outils pour mieux gérer son bégaiement :

1. **La respiration contrôlée** : Respirer profondément avant de commencer à parler permet de relâcher la tension et de réduire le stress lié au bégaiement.

2. **Le rythme et les pauses** : En parlant lentement et en marquant des pauses régulières, Romane apprit à éviter les blocages et à garder un meilleur contrôle sur son élocution.

3. **Les gestes pour accompagner les mots** : Utiliser des mouvements simples avec les mains l'aidait à maintenir un rythme régulier et à se détendre pendant ses discours.

4. **L'expression de la confiance en soi** : Apprendre à accepter son bégaiement et à ne pas en avoir honte fut essentiel pour Romane. Elle comprit qu'en s'acceptant, elle pouvait aussi inciter les autres à la respecter.

Conclusion : Au-delà du bégaiement

Romane avait appris que le bégaiement n'était pas une faiblesse, mais simplement un aspect de qui elle était. Grâce au soutien de ses proches et aux techniques qu'elle avait acquises, elle put surmonter sa peur de parler en public et réaliser que ses mots avaient de la valeur, même s'ils ne sortaient pas toujours de manière fluide. Son discours sur l'empathie et la bienveillance avait touché son audience, et plus important encore, il avait changé sa propre perception d'elle-même.

Questions de réflexion :

1. Comment Romane a-t-elle appris à utiliser des techniques pour gérer son bégaiement et retrouver confiance en elle ?

2. Pourquoi est-il important de montrer de la bienveillance envers ceux qui rencontrent des difficultés, comme Romane avec son bégaiement ?

3. MANQUE DE CONFIANCE EN SOI : LA MÉTAMORPHOSE DE JESSY

Un quotidien difficile

Jessy était une fille de douze ans, curieuse et pleine de rêves. Pourtant, il y avait quelque chose qui l'empêchait d'exprimer pleinement ses idées : un profond manque de confiance en elle. Au collège, Jessy ne parlait presque jamais en classe. Chaque fois que l'enseignant posait une question, elle se mettait à douter, se demandant si sa réponse serait correcte, ou si elle se ridiculiserait devant ses camarades.

Jessy préférait se taire plutôt que de prendre le risque d'être jugée ou moquée. Cela ne passait pas inaperçu. « Pourquoi tu ne parles jamais ? » lui demandait-on parfois. D'autres enfants pensaient même qu'elle était "bizarre" parce qu'elle restait souvent à l'écart. Ces remarques ne faisaient qu'accentuer son sentiment d'infériorité. « Peut-être que je ne suis pas aussi intéressante que les autres », pensait-elle souvent.

Les moqueries de ses camarades

La situation de Jessy devint encore plus compliquée lorsque certains camarades commencèrent à se moquer de son silence. Lors d'un cours de sport, alors qu'elle hésitait à participer, un garçon s'exclama : « Elle n'ose jamais rien faire, elle est trop timide ! » Cette remarque fit rire certains élèves. Jessy, blessée, sentit son visage s'empourprer. Elle ne répliqua rien, baissant les yeux pour éviter les regards.

Ces moqueries la suivaient dans d'autres aspects de sa vie scolaire. Pendant les activités de groupe, elle se contentait d'observer, incapable de s'affirmer ou de partager ses idées. Même si elle savait souvent quoi dire, elle n'osait pas s'exprimer. Chaque échec ou chaque regard moqueur renforçait l'idée qu'elle n'était pas assez compétente, pas assez forte.

La rencontre avec Mme Lemaire

Un jour, après un contrôle où Jessy n'avait même pas osé répondre à toutes les questions, sa professeure, Mme Lemaire, la prit à part. Elle avait remarqué depuis longtemps le silence de Jessy en classe et sa réticence à participer. « Jessy, je vois que tu te retiens beaucoup », lui dit-elle doucement. « Tu es capable de beaucoup de choses, mais tu n'oses pas te faire confiance. »

Ces paroles touchèrent Jessy. Elle n'avait jamais vu les choses sous cet angle. Elle pensait que le problème venait d'elle, de ses compétences, mais Mme Lemaire semblait croire en elle. Elle lui proposa de travailler ensemble pour développer sa confiance en elle.

Le journal des réussites

Mme Lemaire introduisit un outil simple, mais puissant : le « journal des réussites ». « Chaque jour, tu vas noter une petite victoire, quelque chose que tu as réussi, même si cela te semble insignifiant », lui expliqua-t-elle. Jessy, d'abord sceptique, accepta de suivre cette méthode.

Les premiers jours, Jessy ne savait pas quoi écrire. « Je n'ai rien fait de spécial aujourd'hui », pensait-elle. Mais Mme Lemaire l'encouragea à observer les petites réussites du quotidien. « Même réussir à finir tes devoirs à temps est une réussite, Jessy. Ne te compare pas aux autres, célèbre tes propres progrès. »

Peu à peu, Jessy commença à remplir son journal : « J'ai réussi à répondre à une question en classe aujourd'hui », « J'ai terminé mon exercice sans paniquer ». Chaque petite note la poussait à voir ses capacités différemment. Elle réalisait que, même si elle n'était pas la plus extravertie, elle avait ses propres forces.

Le projet d'art dramatique

Un jour, Mme Lemaire annonça à la classe un nouveau projet d'art dramatique. Chaque élève devait choisir un personnage et jouer une scène devant ses camarades. À cette annonce, Jessy sentit son cœur s'accélérer. Elle se voyait déjà trembler de peur devant tout le monde, incapable de prononcer ses répliques. « Je ne peux pas faire ça », se disait-elle.

Cependant, Mme Lemaire avait une autre idée en tête. Elle demanda à Jessy de choisir un rôle qu'elle aimait vraiment, même s'il était petit. « Tu n'es pas obligée de prendre le plus grand rôle, mais choisis un personnage que tu apprécies et que tu veux explorer. » Après quelques jours de réflexion, Jessy choisit un personnage secondaire, mais qui la fascinait. Elle commença à répéter ses répliques chez elle, mais toujours avec la crainte de ne pas être à la hauteur.

Le déclic lors de la répétition

Lors des premières répétitions, Jessy resta en retrait, incapable de jouer correctement son rôle. Chaque fois qu'elle ouvrait la bouche, elle hésitait, se demandant si elle disait les bonnes choses. Un jour, alors qu'elle était sur le point de tout abandonner, Mme Lemaire lui dit une phrase qui changea tout : « Tu n'as pas besoin d'être parfaite, Jessy. Ce que tu as à dire compte. »

Ces mots résonnèrent en elle. Ce n'était pas la perfection qui importait, mais le fait d'essayer et de s'exprimer. Ce fut un déclic. Lors des répétitions suivantes, elle se mit à réciter ses répliques avec plus de confiance. Elle apprit à gérer sa peur en se concentrant sur le plaisir de jouer. Certes, elle n'était pas encore totalement sûre d'elle, mais elle voyait des progrès.

La présentation finale

Le jour de la présentation finale arriva. Jessy était nerveuse, mais cette fois, elle ne se laissa pas submerger par ses doutes. Elle monta sur scène avec son groupe et, lorsque son tour vint de parler, elle prit une grande respiration, se rappelant les conseils de Mme Lemaire. Ses premières répliques sortirent avec hésitation, mais elle continua, se laissant peu à peu emporter par son rôle.

À la fin de la scène, la classe applaudit. Jessy ressentit une immense vague de soulagement et de fierté. Pour la première fois, elle s'était exprimée devant tout le monde sans se laisser paralyser par la peur. Ses camarades la félicitèrent, et même ceux qui s'étaient moqués d'elle auparavant vinrent lui dire qu'elle avait bien joué.

La transformation de Jessy

Cette expérience changea beaucoup de choses pour Jessy. Bien sûr, elle n'était pas devenue confiante du jour au lendemain, mais elle comprit qu'elle pouvait faire des choses qu'elle n'aurait jamais crues possibles. Le journal des réussites, l'art dramatique, et les encouragements de Mme Lemaire l'avaient aidée à voir qu'elle avait des capacités, même si elles étaient différentes de celles des autres.

Jessy continua à travailler sur elle-même. À chaque nouvelle étape, elle se rappelait que l'important n'était pas d'être parfaite, mais d'oser essayer. Elle participait plus activement en classe, osait poser des questions et s'impliquait davantage dans les activités de groupe. Sa confiance en elle grandissait peu à peu, alimentée par chaque petit succès.

Les outils pour développer la confiance en soi

À travers son parcours, Jessy découvrit plusieurs outils qui l'aidèrent à surmonter son manque de confiance :

1. **Le journal des réussites** : Chaque jour, Jessy notait une petite victoire, ce qui l'aidait à voir ses progrès et à se concentrer sur ses forces plutôt que sur ses faiblesses.

2. **La respiration et la concentration** : Avant de parler ou de jouer son rôle, Jessy apprit à respirer profondément pour calmer son esprit et se concentrer sur l'instant présent.

3. **Le soutien des enseignants et des proches** : Les encouragements constants de Mme Lemaire et de ses parents furent essentiels dans son parcours. Ils lui montrèrent qu'elle n'était pas seule et que des gens croyaient en elle.

4. **L'art dramatique** : Le théâtre permit à Jessy de sortir de sa zone de confort et de s'exprimer autrement. Elle découvrit que l'art pouvait être un puissant outil pour surmonter la timidité.

Conclusion : La métamorphose de Jessy

L'histoire de Jessy montre que, même lorsqu'on manque de confiance en soi, il est possible de se transformer et de développer cette confiance petit à petit. Grâce à des outils simples et à des encouragements bienveillants, Jessy réalisa qu'elle avait en elle la capacité de surmonter ses peurs et de s'exprimer pleinement. Sa métamorphose, bien qu'incomplète, lui montra que chaque petit pas en avant était une victoire en soi.

Questions de réflexion :

1. Comment le journal des réussites a-t-il aidé Jessy à changer sa perception d'elle-même ?

2. Pourquoi est-il important d'essayer, même lorsque l'on doute de ses capacités, et comment cela peut-il aider à développer la confiance en soi ?

4. ALLERGIES ALIMENTAIRES ET CRÉATIVITÉ : LE SUCCÈS DE STÉPHANIE

Un quotidien sous surveillance

Stéphanie, dix ans, était une fille curieuse et pleine de vie. Cependant, sa vie n'était pas tout à fait comme celle de ses camarades. Stéphanie souffrait d'allergies alimentaires sévères depuis son plus jeune âge. Que ce soit le lait, les œufs, les arachides ou encore le gluten, beaucoup de ces aliments pouvaient déclencher chez elle des réactions allergiques violentes. Cela la rendait constamment vigilante, et chaque repas devenait un moment de stress.

Au collège, c'était encore plus compliqué. Lors des anniversaires en classe ou des sorties scolaires, Stéphanie devait toujours faire attention à ce qu'elle mangeait. Ses parents préparaient des repas spéciaux pour elle, et elle se retrouvait souvent avec des collations différentes de celles de ses camarades. Cela la mettait parfois à l'écart, bien qu'elle n'ait jamais osé en parler.

Les moqueries des autres

Malheureusement, à mesure que Stéphanie grandissait, les autres enfants commencèrent à remarquer ses différences. « Pourquoi tu ne manges jamais de gâteau comme nous ? » lui demandait un jour une camarade lors d'une fête d'anniversaire au collège. Stéphanie, qui ne voulait pas attirer l'attention, se contentait de sourire et d'ignorer la question. Mais cela ne suffisait pas à faire taire les moqueries.

Un jour, un élève se moqua d'elle en disant : « Tu es trop fragile pour manger comme nous, tu es comme une petite vieille ! » Ces remarques blessantes la firent se sentir encore plus différente. Stéphanie, malgré son courage, commença à éviter certains moments conviviaux du collège pour ne pas se retrouver dans des situations embarrassantes. Elle se sentait isolée et parfois incomprise, même par ses amis.

Le soutien de ses parents

Heureusement, Stéphanie pouvait toujours compter sur le soutien de ses parents. Ils étaient très attentifs à ses allergies, et bien que cela demande beaucoup d'organisation, ils veillaient à ce qu'elle ait toujours des alternatives sûres à manger. « Ne t'inquiète pas, ma chérie », lui disait souvent sa mère. « Tu n'es pas différente des autres, tu as juste des besoins particuliers, et nous trouvons toujours des solutions. »

Les repas à la maison étaient adaptés à ses allergies, et sa mère faisait preuve d'une grande créativité pour cuisiner des plats savoureux qui respectaient toutes les restrictions alimentaires de Stéphanie. Cependant, cela ne changeait pas le fait qu'au collège, Stéphanie se sentait parfois mise à l'écart. Même si ses parents la soutenaient, elle savait que les autres enfants ne comprenaient pas toujours sa situation.

Une rencontre décisive

Tout changea pour Stéphanie lors d'une sortie scolaire à la foire culinaire de la ville. Pendant la visite, la classe rencontra un chef cuisinier renommé, M. Bernard, qui animait un atelier spécial pour les enfants. Ce dernier proposa aux élèves de participer à une activité de création culinaire. Chaque élève devait inventer un plat en utilisant des ingrédients imposés. Stéphanie, d'abord excitée à l'idée de participer, se sentit vite submergée par l'anxiété. Elle savait que de nombreux ingrédients utilisés dans les recettes classiques lui étaient interdits à cause de ses allergies.

Cependant, avant de commencer, M. Bernard s'adressa à toute la classe : « La cuisine, c'est l'art de s'adapter. Si vous avez des contraintes ou des préférences, cela ne doit jamais vous empêcher de créer. Tout peut être transformé, adapté, pour convenir à vos besoins. » Ces paroles touchèrent Stéphanie. Pour la première fois, elle se demanda si elle pouvait utiliser ses allergies non pas comme un frein, mais comme une opportunité de créer autrement.

Elle s'approcha timidement de M. Bernard et lui expliqua ses allergies. Le chef, loin d'être découragé, lui sourit et dit : « C'est parfait, Stéphanie ! Je te propose de créer une recette unique, quelque chose qui te représente. Fais de ta différence une force. »

La révélation de la cuisine créative

Sous les conseils bienveillants de M. Bernard, Stéphanie se lança dans la création de son propre plat. Utilisant des alternatives qu'elle connaissait bien, elle commença à mélanger des ingrédients sans gluten et sans produits laitiers. Elle créa un dessert à base de lait d'amande, de farine de riz et de fruits. À mesure qu'elle avançait dans la recette, elle se sentit de plus en plus confiante. C'était comme si la cuisine lui offrait une manière de s'exprimer, de montrer qui elle était au-delà de ses allergies.

Lorsque le moment arriva de présenter son plat, Stéphanie était nerveuse, mais fière. Elle avait réussi à créer quelque chose de beau et de délicieux, malgré les contraintes. Les autres enfants, curieux, goûtèrent son dessert et furent agréablement surpris. « C'est super bon ! » s'exclamèrent-ils. Stéphanie, qui avait longtemps craint que ses plats « sans » soient perçus comme fades ou sans intérêt, se sentit soudain acceptée.

Le début d'une passion

Après cette expérience, Stéphanie découvrit une passion pour la cuisine créative. À la maison, elle commença à expérimenter de nouvelles recettes, toujours adaptées à ses allergies, mais sans jamais sacrifier le goût. Ses parents furent ravis de la voir s'épanouir dans cet art culinaire. Elle créa des gâteaux sans œufs, des pains sans gluten, et des plats savoureux que même ses amis sans allergies appréciaient.

Son succès en cuisine lui permit de reprendre confiance en elle. Au collège, elle devint même celle que l'on consultait pour des conseils sur des alternatives alimentaires. Les moqueries disparurent peu à peu, remplacées par des compliments et des questions curieuses sur ses créations.

La fête d'anniversaire différente

Quelques mois plus tard, alors que son anniversaire approchait, Stéphanie décida d'organiser une fête un peu spéciale. Au lieu d'un goûter traditionnel, elle proposa à ses invités un atelier de cuisine où chacun pourrait créer son propre plat, mais avec une petite contrainte : utiliser uniquement des ingrédients adaptés à ses allergies.

Ses camarades, d'abord sceptiques, acceptèrent de relever le défi. Pendant l'atelier, Stéphanie leur montra comment cuisiner sans gluten, sans lait, et sans œufs. Les enfants, surpris par la richesse des ingrédients qu'elle utilisait, s'amusèrent à créer des plats savoureux. À la fin de l'atelier, tout le monde se régalait avec des mets délicieux qu'ils n'auraient jamais imaginé possibles.

« Qui aurait cru que c'était aussi bon sans lait et sans œufs ? » s'exclama un camarade. Stéphanie, rayonnante, réalisa à quel point cette fête avait permis de changer la perception qu'avaient les autres de ses allergies. Elle avait réussi à montrer que sa différence ne l'empêchait pas de vivre pleinement et de créer des moments de partage.

Les outils pour vivre avec les allergies alimentaires

À travers son parcours, Stéphanie découvrit plusieurs outils pour mieux vivre avec ses allergies alimentaires et continuer à profiter de la vie :

1. **La connaissance des alternatives** : En apprenant à utiliser des ingrédients de substitution, Stéphanie réalisa qu'elle pouvait cuisiner presque tout en trouvant des alternatives adaptées à ses allergies.

2. **La créativité culinaire** : Au lieu de se concentrer sur ce qu'elle ne pouvait pas manger, elle choisit de voir ses allergies comme un défi pour être plus créative en cuisine.

3. **L'affirmation de soi** : Stéphanie apprit à expliquer calmement ses allergies aux autres, sans en avoir honte. Elle montra que même si elle avait des contraintes alimentaires, cela ne la rendait ni faible ni incapable.

4. **Le partage et l'éducation** : En partageant ses connaissances et en organisant des activités autour de la cuisine adaptée, Stéphanie éduqua ses camarades à la diversité des régimes alimentaires et à l'importance de respecter les différences.

Conclusion : Le succès de Stéphanie

L'histoire de Stéphanie montre que, même face à des contraintes comme les allergies alimentaires, il est possible de transformer une difficulté en opportunité. Grâce à sa créativité, son courage et son envie de partager, Stéphanie parvint à faire de ses allergies une force, et à prouver qu'on peut vivre pleinement tout en respectant ses particularités. Elle devint un exemple de résilience et de confiance en soi, inspirant ceux qui l'entouraient à voir au-delà des différences.

Questions de réflexion :

1. Comment Stéphanie a-t-elle utilisé ses allergies alimentaires comme une opportunité pour développer sa créativité en cuisine ?

2. Pourquoi est-il important de ne pas se laisser définir par ses différences et de les transformer en force ?

5. MATHILDA ET LA MAÎTRISE DES TOC

Les premiers signes des TOC

Mathilda, onze ans, était une enfant pleine de vie et d'idées, mais il y avait quelque chose en elle qu'elle ne pouvait contrôler. Depuis toute petite, elle ressentait des besoins compulsifs de vérifier et de répéter certaines actions pour calmer une anxiété interne qui la submergeait. Les gestes semblaient absurdes à ceux qui l'entouraient : compter les marches qu'elle montait, aligner des objets de manière symétrique, ou s'assurer plusieurs fois que ses affaires étaient bien rangées. Si elle ne respectait pas ces rituels, une angoisse irrépressible s'emparait d'elle.

Les Troubles Obsessionnels Compulsifs (TOC) dont elle souffrait affectaient sa vie quotidienne, en particulier au collège. Lorsqu'elle écrivait en classe, par exemple, il lui arrivait de gommer et réécrire des phrases plusieurs fois, juste parce qu'une lettre ne lui semblait pas parfaitement formée. Ce perfectionnisme excessif et l'anxiété liée à ses gestes répétitifs lui faisaient perdre du temps et nuisaient à ses résultats scolaires.

Le poids des moqueries

Les autres élèves, ne comprenant pas ses comportements, commencèrent à se moquer d'elle. « Pourquoi tu fais toujours des trucs bizarres ? » lui demandait-on. Parfois, certains camarades l'imitaient en rigolant, alignant leurs stylos ou tapant sur leur bureau d'une manière exagérée. Bien qu'elle essayât de se fondre dans le groupe et de cacher ses TOC, ces moments renforçaient chez Mathilda un sentiment d'isolement et d'incompréhension.

Les moqueries ne se limitaient pas à la classe. À la maison aussi, Mathilda se sentait différente. Ses parents, bien qu'ils tentassent de l'aider, ne comprenaient pas toujours la force de ses compulsions. « Pourquoi as-tu besoin de vérifier encore une fois ? » lui demandait souvent sa mère, légèrement exaspérée par le fait que Mathilda revienne sans cesse pour s'assurer que sa chambre était bien rangée. Cela créait une frustration mutuelle, car Mathilda savait que ses actions pouvaient paraître irrationnelles, mais elle n'avait pas le pouvoir de les arrêter.

L'incompréhension des enseignants

Au collège, les enseignants de Mathilda commençaient à remarquer que quelque chose n'allait pas. Elle n'arrivait pas à finir ses devoirs dans le temps imparti et demandait souvent à réécrire ses évaluations, insatisfaite de la moindre imperfection. Malgré tout, ses professeurs ne savaient pas comment l'aider efficacement. Ses capacités intellectuelles étaient évidentes, mais elles étaient constamment éclipsées par ses comportements répétitifs.

« Mathilda, tu passes trop de temps sur des détails ! » lui disait souvent son professeur de mathématiques, après l'avoir vue gommer la même opération plusieurs fois. Ce type de remarque ne faisait qu'augmenter son anxiété, renforçant la pression intérieure qu'elle ressentait déjà.

Une rencontre inattendue

Un jour, lors d'un cours d'art plastique, Mathilda eut une révélation. L'enseignante, Mme Lefèvre, proposa aux élèves de réaliser une œuvre libre à partir de morceaux d'argile. Mathilda, d'abord hésitante, se laissa emporter par la manipulation de la matière. Pour la première fois, elle découvrit que son obsession du détail pouvait être un atout. Alors que les autres enfants réalisaient des sculptures simples, Mathilda, elle, passait des heures à modeler une petite figurine, travaillant chaque courbe et chaque détail avec une précision incroyable.

À la fin du cours, Mme Lefèvre, impressionnée par la qualité du travail de Mathilda, s'approcha d'elle. « Tu as un véritable talent, Mathilda », lui dit-elle doucement. « Tu arrives à sculpter avec une précision que peu d'enfants de ton âge possèdent. » Ces mots touchèrent Mathilda. C'était la première fois que quelqu'un percevait ses TOC non pas comme une gêne, mais comme un potentiel talent.

L'art comme échappatoire

À partir de ce jour, Mathilda se mit à passer de plus en plus de temps dans la salle d'art, après les cours. L'argile devint son moyen d'expression, un espace où ses TOC pouvaient être canalisés positivement. Alors que ses rituels la paralysaient dans d'autres aspects de sa vie, dans l'art, ils devinrent une force.

Chaque sculpture qu'elle créait était d'une précision étonnante. Elle travaillait chaque détail avec une minutie extrême, et cela lui procurait une sensation de contrôle et de calme qu'elle ne trouvait nulle part ailleurs. En modelant l'argile, elle avait enfin l'impression de maîtriser quelque chose, là où ses TOC la contrôlaient habituellement.

L'exposition d'art de l'école

Quelques mois plus tard, Mme Lefèvre annonça à Mathilda qu'elle souhaitait exposer certaines de ses œuvres lors de l'exposition d'art annuelle du collège. Mathilda fut à la fois honorée et terrifiée à cette idée. « Et si les autres se moquaient encore de moi ? » se demanda-t-elle. Mais Mme Lefèvre, consciente de l'importance de cette opportunité pour Mathilda, l'encouragea à surmonter sa peur.

Le jour de l'exposition, Mathilda était nerveuse. Ses œuvres, soigneusement placées sur une table, attiraient déjà le regard des visiteurs. Ses camarades, qui l'avaient souvent moquée pour ses comportements étranges, commencèrent à la voir sous un nouveau jour. Ils étaient impressionnés par la complexité et la précision de ses sculptures. « Comment tu arrives à faire des détails aussi petits ? » lui demanda un élève, intrigué. Mathilda, bien que timide, se mit à expliquer son processus, oubliant pour un moment ses angoisses.

L'acceptation de soi

Après l'exposition, Mathilda commença à ressentir un changement en elle. Elle réalisa que ses TOC, qui lui avaient toujours semblé être une faiblesse, pouvaient être transformés en atout. Bien sûr, elle savait qu'elle devait encore travailler pour mieux gérer ses compulsions dans la vie quotidienne, mais l'art lui offrait une échappatoire. Pour la première fois, elle se sentait capable de contrôler une partie de sa vie.

Peu à peu, Mathilda apprit à parler de ses TOC avec ses proches et ses camarades. Elle expliqua à ses amis pourquoi elle avait besoin de répéter certains gestes, et bien que cela ne fût pas toujours facile, elle sentit une ouverture de leur part. Ses amis commencèrent à comprendre qu'il ne s'agissait pas de caprices, mais d'un trouble réel qui la dépassait.

Les outils pour mieux vivre avec les TOC

À travers son parcours, Mathilda découvrit plusieurs outils qui l'aidèrent à mieux vivre avec ses TOC :

1. **L'art comme exutoire** : En canalisant son besoin de perfection à travers la sculpture, Mathilda trouva une manière de gérer son anxiété et d'exprimer ses talents. L'art devint pour elle un moyen de transformer ses TOC en force créatrice.

2. **La respiration et la pleine conscience** : Mathilda apprit également des techniques de respiration et de pleine conscience pour l'aider à apaiser son anxiété. Avant de commencer un projet artistique ou un devoir, elle prenait quelques minutes pour respirer profondément et se concentrer sur le moment présent.

3. **La gestion des rituels** : Avec l'aide d'un psychologue spécialisé, Mathilda apprit à réduire certains de ses rituels en adoptant des techniques de désensibilisation progressive. Par exemple, elle commença par réduire le nombre de fois où elle devait vérifier un objet, en se fixant de petits objectifs atteignables.

4. **L'ouverture et la communication** : En parlant ouvertement de ses TOC à ses proches et à ses amis, Mathilda brisa une partie du stigmate entourant son trouble. Cela la libéra d'un poids immense et lui permit de se sentir moins isolée.

La reconnaissance de son talent

Avec le temps, Mathilda devint une artiste reconnue dans son collège. Elle participa à plusieurs concours artistiques et fut même invitée à donner des ateliers pour montrer aux autres élèves comment travailler l'argile avec minutie. Ses TOC, qui étaient autrefois une source de moqueries et de douleur, étaient désormais perçus comme une partie intégrante de ce qui faisait d'elle une artiste talentueuse.

Mathilda savait qu'elle avait encore des défis à relever, mais elle avait trouvé une voie qui lui permettait de transformer ses difficultés en quelque chose de beau et de positif. Elle n'avait pas "guéri" de ses TOC, mais elle avait appris à vivre avec eux, à les comprendre et à les utiliser comme une force.

Conclusion : Transformer les TOC en talent

L'histoire de Mathilda est celle d'une transformation. Elle montre que, même face à des difficultés comme les Troubles Obsessionnels Compulsifs, il est possible de trouver une manière de les intégrer à sa vie d'une manière constructive. Grâce à l'art, Mathilda découvrit que ce qui pouvait sembler être une faiblesse pouvait aussi devenir une force.

Questions de réflexion :

1. Comment Mathilda a-t-elle appris à canaliser ses TOC à travers l'art et comment cela a-t-il changé sa perception de son trouble ?

2. Pourquoi est-il important d'accepter ses différences et de chercher des moyens positifs pour les gérer au quotidien ?

6. ANNE : DANSER AVEC LA DYSPRAXIE

Les débuts : Un corps qui refuse d'obéir

Anne avait toujours eu du mal à accomplir des gestes simples que ses camarades faisaient sans même y penser. Attacher ses chaussures, découper une feuille de papier en ligne droite, ou simplement attraper une balle lui demandaient une concentration immense. Son trouble, la dyspraxie, affectait la coordination de ses mouvements. Chaque geste semblait brouillé, comme si son cerveau ne parvenait pas à transmettre correctement les commandes à son corps.

À la maison, cela créait souvent des moments de frustration. Sa mère, bien qu'aimante, ne comprenait pas toujours pourquoi Anne mettait si longtemps à finir certaines tâches. « Tu te dépêches, s'il te plaît, Anne ? » lui demandait-elle parfois avec douceur, mais impatience. Anne, honteuse, essayait de faire plus vite, mais c'était comme si ses mains refusaient de lui obéir.

Au collège, les difficultés étaient encore plus visibles. Lors des cours d'éducation physique, elle redoutait les activités qui demandaient de la précision ou de la coordination. Chaque lancer de balle était une épreuve, chaque saut une catastrophe en puissance. Ses camarades, bien que souvent gentils, commençaient à la mettre à l'écart lors des jeux en équipe. « Anne est trop maladroite », pensaient-ils, sans toujours le dire à voix haute.

Les moqueries et l'isolement

Un jour, lors d'un cours d'arts plastiques, les élèves devaient découper des formes géométriques dans du papier pour construire un collage. Anne, concentrée, essayait de suivre la ligne droite tracée par son enseignant. Mais ses mains tremblaient légèrement, et ses ciseaux dévièrent de la ligne à plusieurs reprises. Au bout de quelques minutes, son papier ressemblait à une feuille déchirée plutôt qu'à une belle figure géométrique.

Certains élèves se mirent à rire. « Anne, on dirait que tu as fait ça avec tes pieds ! » lança l'un d'eux, sans méchanceté réelle, mais avec une moquerie qui blessa profondément la jeune fille. Anne sentit ses joues s'empourprer, et elle baissa la tête pour cacher ses larmes. Elle n'arrivait pas à comprendre pourquoi ses mains semblaient refuser de suivre les commandes simples de son cerveau.

Ces moqueries, bien que rarement intentionnelles, la poussaient à se refermer sur elle-même. Anne devint de plus en plus silencieuse, essayant de ne pas attirer l'attention. Lors des récréations, elle restait souvent assise à l'écart, observant les autres jouer sans elle.

La découverte de la danse

Anne n'avait jamais pensé à la danse comme une possibilité. Pour elle, la danse était l'activité par excellence qui demandait coordination, fluidité et grâce – des qualités qu'elle ne possédait pas, du moins, c'est ce qu'elle croyait. Mais un jour, sa mère, souhaitant l'encourager à trouver une activité qui lui plairait, décida de l'inscrire à un cours de danse dans un petit studio local.

Anne, d'abord réticente, accepta d'essayer. Elle était persuadée qu'elle allait se ridiculiser devant les autres enfants, mais quelque chose en elle lui disait qu'il fallait tenter. Le premier jour, elle se rendit au studio de danse avec une boule au ventre, ses mains tremblantes et son cœur battant à tout rompre.

La professeure de danse, Mme Léo, une femme pleine de douceur et de bienveillance, accueillit Anne avec un grand sourire. « Bienvenue, Anne ! Ici, on ne cherche pas à être parfait, on cherche juste à s'amuser et à bouger. » Ces paroles touchèrent profondément Anne, qui n'avait jamais entendu quelqu'un parler du mouvement de manière aussi libératrice.

Les premiers pas : un défi difficile

Le premier cours fut loin d'être facile pour Anne. Les autres enfants semblaient se mouvoir avec une fluidité naturelle, tandis qu'elle luttait pour suivre les pas de base. Ses pieds se croisaient, ses bras ne bougeaient pas en rythme, et elle se sentait gauche, perdue. Chaque fois que la musique changeait de rythme, Anne perdait le fil. Elle se demandait comment elle pourrait un jour réussir à suivre une chorégraphie entière.

Mais Mme Léo remarqua rapidement le potentiel d'Anne, même derrière ses maladresses. Elle s'approcha d'elle et lui dit : « Ne t'inquiète pas pour les erreurs, Anne. La danse, ce n'est pas une question de perfection, c'est une question de ressenti. Laisse ton corps suivre la musique, même si les mouvements ne sont pas parfaits. »

Ces mots donnèrent à Anne une nouvelle perspective. Elle commença à se concentrer sur le plaisir de bouger, plutôt que sur la peur de se tromper. Ce ne fut pas facile, et les erreurs étaient toujours présentes, mais elle sentait une certaine liberté naître en elle. La danse devint peu à peu un espace où elle pouvait se connecter à son corps sans jugement.

L'encouragement et la progression

Les semaines passèrent, et malgré les difficultés, Anne retourna à chaque cours avec une détermination nouvelle. Peu à peu, elle remarqua des améliorations. Ses mouvements, bien qu'encore imparfaits, devenaient plus coordonnés. Elle n'était plus la dernière à terminer les enchaînements, et elle se surprit même à sourire pendant les répétitions. Pour la première fois de sa vie, elle avait l'impression de pouvoir contrôler son corps.

Un jour, après une répétition particulièrement difficile, Mme Léo prit Anne à part. « Je suis tellement fière de toi, Anne. Tu as fait des progrès incroyables. Tu as un talent unique. » Ces mots résonnèrent profondément en elle. Jamais personne ne lui avait dit qu'elle avait du talent, surtout pas en ce qui concernait son corps. Jusqu'alors, son corps avait toujours été une source de frustration et de honte.

Ce fut un déclic pour Anne. Elle réalisa que, même avec sa dyspraxie, elle pouvait accomplir de grandes choses. Ce qui importait, ce n'était pas la perfection, mais le fait de continuer à essayer, de persévérer malgré les obstacles.

La préparation du grand spectacle

Le club de danse prévoyait d'organiser un grand spectacle à la fin de l'année. Chaque élève aurait l'opportunité de participer à une chorégraphie collective devant un public. L'idée effrayait Anne, mais en même temps, elle sentait qu'elle devait le faire. Ce spectacle représenterait l'aboutissement de tous ses efforts.

Les répétitions furent intenses. Les mouvements étaient plus complexes, les enchaînements plus rapides, et Anne trébuchait souvent. Parfois, la frustration la gagnait, et elle se demandait si elle allait vraiment réussir. Mais à chaque fois qu'elle était sur le point d'abandonner, Mme Léo était là pour l'encourager. « Tu es capable, Anne. Tu as déjà parcouru un long chemin. »

Ses camarades de danse, qui avaient appris à connaître Anne et à l'apprécier, l'encourageaient également. L'ambiance bienveillante du studio lui donnait la force de continuer, même lorsque ses mouvements n'étaient pas parfaits.

La représentation : un moment de triomphe

Le jour du spectacle arriva. Anne était terrifiée. Elle voyait la salle remplie de parents, de familles, de camarades de classe. Ses propres parents étaient là, assis au premier rang, les yeux remplis de fierté et de soutien. Elle sentit ses mains trembler et son cœur battre rapidement, mais elle se rappela les mots de Mme Léo : « Danse avec ton cœur, Anne, pas avec la peur de te tromper. »

Lorsque la musique commença, Anne prit une grande inspiration et se lança. Ses premiers pas furent hésitants, mais peu à peu, elle entra dans le rythme. Elle faisait des erreurs, bien sûr, mais elle continua, se concentrant sur le plaisir de bouger plutôt que sur la perfection. À la fin de la chorégraphie, elle sentit une immense vague de soulagement et de fierté. Les applaudissements retentirent dans la salle, et elle se tourna vers ses camarades de danse avec un sourire.

Pour Anne, ce spectacle représentait bien plus qu'une simple performance. C'était la preuve qu'elle pouvait surmonter les obstacles, même ceux posés par sa dyspraxie. Elle avait dansé avec tout son cœur, et pour elle, c'était tout ce qui comptait.

Les outils pour surmonter la dyspraxie

Tout au long de son parcours, Anne découvrit des outils et des stratégies qui l'aidèrent à mieux vivre avec sa dyspraxie et à s'épanouir malgré ses difficultés :

1. **La répétition patiente** : Anne comprit que pour maîtriser un mouvement, il fallait de la patience et de la persévérance. Chaque geste, chaque pas de danse demandait plusieurs répétitions avant d'être intégré, mais elle apprit à ne pas se décourager face aux erreurs.

2. **Le soutien bienveillant** : Le rôle de Mme Léo fut crucial pour Anne. Avoir une personne qui croyait en elle, même dans les moments où elle doutait, l'aida à retrouver confiance en elle-même. Le soutien des autres danseurs fut aussi une source d'encouragement.

3. **La pleine conscience du corps** : À travers la danse, Anne développa une conscience plus fine de son corps et de ses mouvements. Cela l'aida à mieux comprendre ses limitations, mais aussi à découvrir des manières de les contourner.

4. **L'acceptation de soi** : Anne réalisa que la dyspraxie faisait partie d'elle, mais que cela ne la définissait pas entièrement. En acceptant ses difficultés, elle apprit à les gérer sans en faire un obstacle insurmontable.

Conclusion : Vaincre la dyspraxie par la danse

L'histoire d'Anne montre que, même face à un trouble comme la dyspraxie, il est possible de transformer ses faiblesses en force. Grâce à la danse, Anne trouva un moyen de s'exprimer et de s'épanouir malgré ses difficultés. Ce n'était pas la perfection qu'elle cherchait, mais le courage de continuer à avancer, pas à pas, avec persévérance et résilience.

Questions de réflexion :

1. Comment la danse a-t-elle permis à Anne de mieux comprendre et accepter son corps malgré les difficultés liées à la dyspraxie ?

2. Pourquoi est-il important de se concentrer sur ses progrès personnels plutôt que sur les erreurs lorsque l'on fait face à des défis comme la dyspraxie ?

7. PRÉCOCITÉ ET IMAGINAIRE : LES HISTOIRES DE LÉA

Une enfant différente

Léa, dix ans, était une enfant précoce, une intelligence brillante et une curiosité insatiable. Elle se posait sans cesse des questions sur le monde qui l'entourait, dévorant des livres que ses camarades de classe jugeaient trop compliqués. Ses journées étaient marquées par un tourbillon de pensées, d'idées et d'intérêts variés, passant des mathématiques à la littérature, de la biologie aux arts.

Cependant, cette précocité ne venait pas sans difficultés. Au collège, Léa se sentait souvent incomprise. Alors que ses camarades jouaient dans la cour ou parlaient de sujets qu'elle trouvait banals, Léa préférait lire ou explorer des sujets plus profonds. Rapidement, ses camarades commencèrent à la trouver étrange. « Tu te prends pour qui avec tes gros mots ? » lui lança un jour une fille de sa classe après que Léa ait mentionné des concepts philosophiques. Cette remarque, bien que faite sur un ton moqueur, blessa profondément Léa.

Elle se retrouvait seule, isolée, ne sachant pas comment entrer en contact avec les autres sans se sentir différente. Son envie de discuter de sujets complexes et ses questionnements existentiels étaient des passions qu'elle n'arrivait pas à partager.

L'incompréhension et l'isolement

À mesure que les jours passaient, Léa se referma sur elle-même. Les enfants ne la comprenaient pas, et elle commençait à douter d'elle-même. Pourquoi ne pouvait-elle pas être comme les autres ? Pourquoi ses pensées partaient-elles toujours dans des directions si différentes ? Ses résultats scolaires étaient excellents, mais ses relations sociales étaient un véritable désert.

Elle évitait les conversations avec ses camarades, et les heures de récréation étaient souvent passées seule, cachée derrière un livre. Elle se plongeait dans les histoires pour échapper à cette réalité où elle se sentait en décalage. Ses professeurs voyaient bien que quelque chose n'allait pas, mais ils ne savaient pas comment l'aider. L'intelligence de Léa était perçue comme un atout, mais son isolement social semblait être un prix à payer.

Un jour, en rentrant à la maison, Léa ne put retenir ses larmes. « Pourquoi est-ce que je me sens si différente ? » demanda-t-elle à sa mère. Cette dernière, bienveillante, prit Léa dans ses bras. « Tu n'es pas différente dans le mauvais sens, Léa. Ton esprit est une richesse, mais je comprends que ça te fasse te sentir seule. »

La découverte du club de lecture

Léa n'aurait jamais imaginé que sa vie changerait en découvrant un simple panneau d'affichage à l'entrée du collège. Un matin, alors qu'elle rentrait en classe, elle aperçut une petite affiche annonçant la création d'un club de lecture après les cours. « Tu aimes lire ? Viens partager tes découvertes avec nous ! » L'idée séduisit immédiatement Léa. Peut-être que ce club serait l'endroit où elle pourrait enfin trouver des enfants qui partagent ses centres d'intérêt.

Le premier jour du club de lecture fut pour elle une véritable révélation. Elle entra dans la salle de réunion avec une certaine appréhension, mais fut rapidement accueillie par Mme Fabre, la professeure documentaliste du C.D.I., et un petit groupe d'élèves, tous différents, mais tous passionnés de livres. Dès les premières minutes, Léa sentit un changement. Les autres enfants parlaient des livres qu'ils lisaient avec passion, et pour la première fois, elle se sentait à sa place.

Les premiers échanges

Au début, Léa resta en retrait, écoutant les autres parler de leurs lectures préférées. Elle ne voulait pas trop s'exprimer de peur d'être à nouveau jugée. Mais lorsqu'un garçon du club commença à parler d'un roman de science-fiction qu'elle avait lu elle aussi, elle ne put s'empêcher de participer à la conversation. Très vite, elle se retrouva à partager ses propres analyses et réflexions. Et, à sa grande surprise, au lieu de se moquer d'elle, les autres membres du club l'écoutaient avec intérêt.

« Tu as une façon intéressante de voir les choses, Léa », lui dit Mme Fabre. Ces paroles réchauffèrent le cœur de Léa, qui commençait enfin à se sentir comprise et acceptée pour ce qu'elle était. Elle se lia d'amitié avec d'autres enfants qui, comme elle, avaient une soif d'apprendre et une curiosité insatiable.

Le défi de la différence

Cependant, tout n'était pas résolu pour autant. Au collège, en dehors du club de lecture, Léa continuait à se sentir différente. Les moqueries persistaient, et certains élèves ne comprenaient pas pourquoi elle passait tant de temps à parler de ses livres ou à poser des questions compliquées en classe.

Un jour, lors d'une récréation, une élève l'aborda. « Pourquoi tu fais toujours semblant d'être plus intelligente que tout le monde ? » Cette remarque piqua Léa en plein cœur. Elle ne voulait pas se sentir supérieure aux autres, elle cherchait juste des réponses aux questions qui la passionnaient. Ce moment la plongea dans le doute : devait-elle cacher ses intérêts pour être mieux acceptée ?

Elle en parla à Mme Fabre lors de la réunion suivante du club de lecture. « Ne cache jamais ce qui te rend spéciale, Léa. Ta curiosité est une force. Si certains ne te comprennent pas, cela ne veut pas dire que tu dois te conformer. Trouve des moyens de partager ce que tu aimes avec eux, et tu verras, certains seront plus ouverts que tu ne le penses. »

Le projet du club de lecture

Inspirée par les mots de Mme Fabre, Léa décida de proposer un projet pour le club de lecture : organiser une présentation publique des livres préférés de chaque membre. L'idée était de permettre aux élèves du club de partager leurs découvertes avec le reste du collège, tout en montrant que la lecture pouvait être accessible à tous, et pas seulement aux « intellos » comme certains le pensaient.

Mme Fabre soutint immédiatement cette initiative. « C'est une idée merveilleuse, Léa ! Cela permettra à d'autres élèves de découvrir de nouveaux univers, et peut-être que certains se sentiront aussi inspirés que vous. »

Pendant plusieurs semaines, Léa et les autres membres du club préparèrent leurs présentations. Chacun choisit un livre qu'il avait aimé et travailla à le présenter de manière simple, tout en partageant ce qu'il avait trouvé de fascinant dans l'histoire. Pour Léa, ce fut un véritable défi : elle devait trouver des mots pour rendre ses idées compréhensibles à ceux qui n'avaient pas lu les mêmes livres qu'elle.

Le jour de la présentation

Le grand jour arriva, et Léa était nerveuse. Elle avait choisi de présenter un roman sur la philosophie des rêves, un sujet complexe qui la fascinait depuis longtemps. Avant de monter sur scène, elle se demanda si elle n'avait pas fait le mauvais choix. « Est-ce que ce sujet va vraiment intéresser quelqu'un ? » Mais Mme Fabre, qui sentait son hésitation, lui donna un dernier encouragement : « Ne t'inquiète pas, Léa. Parle avec passion, et les autres te suivront. »

Lorsqu'elle prit la parole devant ses camarades, Léa sentit sa nervosité disparaître peu à peu. Elle commença à parler du livre avec enthousiasme, expliquant comment les rêves pouvaient être une fenêtre sur l'inconscient et un outil pour mieux comprendre le monde. À sa grande surprise, ses camarades l'écoutaient attentivement. À la fin de sa présentation, elle reçut des applaudissements, et même des questions curieuses.

Pour la première fois, Léa sentit que son savoir et sa passion pouvaient être des ponts pour se connecter aux autres, plutôt que des barrières.

L'importance de trouver sa place

Après cette présentation, Léa remarqua un changement. Certains élèves qui autrefois l'ignoraient commencèrent à s'intéresser à ce qu'elle avait à dire. Ils venaient la voir pour lui demander des recommandations de livres ou lui poser des questions sur les sujets qu'elle avait évoqués. Bien sûr, tout le monde ne comprenait pas ses centres d'intérêt, mais elle avait trouvé un moyen de partager sa précocité avec ceux qui étaient prêts à l'écouter.

Elle se sentit moins isolée, plus à l'aise dans sa peau. Le club de lecture était devenu un espace où elle pouvait être elle-même, sans avoir à se cacher ni à simplifier ses pensées. Mais elle avait aussi appris à faire des efforts pour rendre ses idées plus accessibles, et cela lui avait permis de mieux se connecter aux autres.

Les outils pour vivre avec la précocité

Tout au long de son parcours, Léa découvrit plusieurs outils pour mieux vivre avec sa précocité intellectuelle et mieux s'intégrer socialement :

1. **Le partage de ses passions** : En apprenant à partager ses centres d'intérêt avec les autres de manière accessible, Léa réussit à connecter avec ses camarades sans se sentir isolée.

2. **L'acceptation de soi** : Léa comprit que sa précocité était une force, mais qu'elle devait aussi apprendre à s'accepter et à ne pas chercher à être comme les autres.

3. **Le soutien d'un groupe** : Le club de lecture devint un espace essentiel pour Léa, un lieu où elle se sentait comprise et acceptée pour ce qu'elle était.

4. **La patience et l'écoute** : Léa apprit que tout le monde n'avait pas les mêmes centres d'intérêt, mais que cela ne devait pas l'empêcher d'écouter les autres et de faire preuve de patience.

Conclusion : Des rêves partagés en club de lecture

L'histoire de Léa montre que, même face à des différences comme la précocité, il est possible de trouver sa place. En s'ouvrant aux autres et en partageant ses passions, elle réussit à briser les barrières de l'incompréhension. Grâce au club de lecture, Léa découvrit qu'elle pouvait transformer ce qui la rendait différente en une force pour se connecter aux autres.

Questions de réflexion :

1. Comment Léa a-t-elle utilisé le club de lecture pour mieux s'intégrer et partager ses passions avec ses camarades ?

2. Pourquoi est-il important d'accepter sa différence et de trouver des moyens de la partager avec les autres ?

8. À TRAVERS LES ÉTOILES : CAROLINE ET SA DÉFICIENCE VISUELLE

Le commencement des défis

Depuis aussi loin qu'elle se souvienne, Caroline avait toujours été fascinée par le ciel nocturne. Elle aimait passer des heures à observer les étoiles, à imaginer des histoires pour les constellations et à se poser des questions sur l'infini de l'univers. Ses parents l'encourageaient dans sa passion, lui offrant des livres sur l'astronomie et un petit télescope avec lequel elle passait des nuits entières à scruter les étoiles.

Cependant, vers l'âge de neuf ans, Caroline commença à éprouver des difficultés pour lire les détails des cartes stellaires et des livres qu'elle aimait tant. Elle voyait de moins en moins bien, et ses parents décidèrent de consulter un ophtalmologiste.

Le diagnostic tomba : Caroline souffrait d'une déficience visuelle progressive. Sa vue se détériorerait au fil du temps, rendant de plus en plus difficile pour elle de percevoir les détails du monde qui l'entourait.

Ce fut un coup dur pour la petite fille. Elle aimait tant l'astronomie, mais l'idée de ne plus pouvoir voir les étoiles avec clarté la plongea dans une profonde tristesse. A son arrivée au collège, ses difficultés visuelles commencèrent à se faire remarquer. Les lettres sur le tableau devenaient floues, les chiffres se mélangeaient, et les visages de ses camarades semblaient de plus en plus éloignés.

Les moqueries et l'isolement

Rapidement, Caroline sentit l'isolement s'installer. Ses camarades, bien qu'ils ne comprenaient pas totalement sa situation, commencèrent à la taquiner. « Pourquoi tu plisses tout le temps les yeux ? » lui demandait souvent une fille de sa classe. Parfois, les remarques étaient plus blessantes : « On dirait que t'es dans la lune, Caroline ! Tu fais semblant de ne pas nous voir ou quoi ? »

Les moqueries la faisaient souffrir, mais ce qui la touchait le plus, c'était la solitude croissante qu'elle ressentait. Ses amis ne comprenaient pas ce qu'elle traversait, et petit à petit, ils s'éloignaient. Caroline, qui avait toujours été joyeuse et pleine d'enthousiasme, se referma sur elle-même. Elle n'osait plus parler de sa passion pour l'astronomie, de peur d'être à nouveau moquée ou incomprise.

À la maison, ses parents étaient inquiets. Ils voyaient bien que Caroline changeait, mais ne savaient pas comment l'aider. Ils avaient déjà aménagé sa chambre avec des livres en gros caractères et des lumières adaptées, mais cela ne semblait pas suffire. Caroline avait besoin de plus.

La rencontre qui change tout

Un jour, au collège, une annonce fut faite : la classe de Caroline allait visiter le planétarium local. Caroline, qui d'ordinaire aurait été la première à se réjouir d'une telle sortie, se sentit terrifiée à l'idée de ne pas pouvoir apprécier pleinement l'expérience. « À quoi bon aller dans un planétarium si je ne peux même pas voir correctement les étoiles ? » pensa-t-elle avec tristesse.

Le jour de la visite arriva. Caroline suivit le groupe, un peu en retrait, tentant de cacher ses angoisses. À l'entrée du planétarium, elle fut accueillie par M. Girard, un guide au visage souriant. Dès les premières minutes, Caroline remarqua quelque chose d'étrange : M. Girard portait des lunettes très épaisses et semblait lui-même avoir une déficience visuelle.

Ce détail la surprit. Comment un homme qui voyait mal pouvait-il travailler dans un planétarium, un lieu où tout était basé sur l'observation des étoiles ? Pendant toute la visite, Caroline resta captivée par la manière dont M. Girard parlait de l'univers. Il ne se contentait pas de montrer des images : il décrivait les étoiles, les planètes, les constellations avec une précision presque poétique. Il utilisait des métaphores pour faire comprendre aux élèves la taille des astres, la distance entre eux, et même les sons que certaines étoiles pouvaient émettre.

À la fin de la visite, Caroline ne put s'empêcher d'aller lui poser une question qui la taraudait depuis le début : « Comment faites-vous pour parler des étoiles avec autant de détails si vous ne pouvez pas bien les voir ? » demanda-t-elle timidement.

M. Girard la regarda avec un sourire bienveillant. « La vue n'est qu'un des sens pour explorer l'univers. J'ai appris à utiliser mon imagination, mon toucher, et surtout mon écoute pour comprendre le cosmos. On n'a pas besoin de voir les étoiles pour les ressentir. »

Ces mots frappèrent Caroline en plein cœur. Elle n'avait jamais pensé à cela. Elle avait toujours cru que ses yeux étaient la clé pour comprendre l'univers, mais cette rencontre lui montra qu'il existait bien d'autres moyens de le faire.

La transformation grâce à la découverte sensorielle

Rentrée chez elle, Caroline n'arrêta pas de penser aux paroles de M. Girard. Elle se dit que, peut-être, elle aussi pourrait continuer à explorer l'univers, même si sa vue déclinait. Encouragée par cette nouvelle idée, elle commença à faire des recherches sur des outils qui pourraient l'aider à comprendre l'astronomie sans dépendre uniquement de ses yeux.

Elle découvrit qu'il existait des podcasts où des scientifiques décrivaient avec passion les découvertes spatiales, des émissions où les phénomènes stellaires étaient expliqués avec des mots simples mais puissants. Elle trouva également des globes tactiles représentant les planètes du système solaire, qu'elle pouvait toucher et sentir sous ses doigts.

Peu à peu, Caroline apprit à découvrir l'univers différemment. Elle utilisa son ouïe pour écouter les descriptions des phénomènes astronomiques, ses doigts pour explorer les reliefs des maquettes planétaires, et son imagination pour visualiser ce qu'elle ne pouvait plus voir. Elle réalisa que sa déficience visuelle n'était pas une barrière insurmontable, mais simplement un défi à relever.

Un nouveau projet : Le guide du planétarium

Forte de cette nouvelle approche, Caroline se sentit plus confiante. Lors d'un autre atelier au planétarium, elle retrouva M. Girard et lui expliqua ce qu'elle avait découvert. « J'aimerais partager tout ça avec mes camarades », lui dit-elle. « Peut-être qu'eux aussi pourraient découvrir l'univers autrement. »

M. Girard, impressionné par sa détermination, lui proposa alors un projet ambitieux : devenir la guide du planétarium pour le collège et organiser des ateliers d'astronomie sensorielle. Caroline fut d'abord hésitante. « Moi ? Je ne vois même pas les étoiles correctement... Comment pourrais-je guider les autres ? »

Mais M. Girard la rassura : « Justement, c'est ta vision unique des choses qui fera toute la différence. Tu es capable de montrer aux autres que l'univers peut être découvert avec bien plus que les yeux. »

Caroline accepta le défi. Avec l'aide de M. Girard, elle mit en place un programme d'ateliers où les élèves pouvaient explorer l'espace à travers différents sens. Ils utilisaient des globes en relief pour toucher les planètes, écoutaient des enregistrements des vibrations des étoiles et apprenaient à décrire les phénomènes spatiaux à travers des métaphores et des récits poétiques.

Le jour de la première présentation

Le jour de la première présentation du planétarium pour une classe du collège, Caroline était nerveuse. Elle savait que certains de ses camarades, ceux qui l'avaient moquée par le passé, seraient là. Mais elle était déterminée à leur montrer une autre manière de voir l'univers.

Lorsqu'elle commença à parler des étoiles, elle ne se concentra pas sur les images projetées sur le plafond du planétarium, mais sur les sensations et les émotions que ces étoiles pouvaient évoquer. Elle décrivit la chaleur d'une étoile naissante, la froideur du vide interstellaire, et les sons émis par les étoiles pulsantes.

Les élèves, d'abord sceptiques, se laissèrent peu à peu emporter par ses récits. Ils furent fascinés par cette manière différente d'explorer l'univers. Caroline leur montrait que, même sans voir, on pouvait ressentir la grandeur et la beauté de l'espace.

À la fin de sa présentation, plusieurs camarades vinrent la féliciter. « Je n'avais jamais pensé à l'espace de cette manière. Merci, Caroline », lui dit l'un d'eux, autrefois moqueur. Caroline, émue, réalisa que sa déficience visuelle n'était pas une faiblesse, mais une force qui lui permettait de voir le monde différemment et d'inspirer les autres à faire de même.

Les outils pour vivre avec une déficience visuelle

À travers son parcours, Caroline découvrit plusieurs outils et stratégies qui l'aidèrent à s'épanouir malgré sa déficience visuelle et à poursuivre son amour pour l'astronomie :

1. **Les podcasts et émissions radiophoniques** : Caroline écoutait régulièrement des émissions scientifiques qui décrivaient les découvertes spatiales. Elle développa une capacité à comprendre le monde grâce à des descriptions auditives précises.

2. **Les maquettes tactiles** : Caroline utilisa des globes et des maquettes en relief pour comprendre la forme et la taille des planètes et des étoiles. Le toucher devint pour elle un moyen essentiel d'appréhender l'espace.

3. **La technologie adaptée** : Elle utilisa des logiciels de lecture vocale et des tablettes avec des fonctionnalités adaptées pour continuer à lire des articles scientifiques et à étudier l'astronomie.

4. **La narration poétique** : Caroline découvrit qu'elle pouvait transmettre des concepts scientifiques complexes à travers des récits et des descriptions imagées. Cela lui permit de connecter ses camarades à l'univers d'une manière nouvelle.

Conclusion : L'univers à portée de tous

L'histoire de Caroline montre qu'un handicap, aussi difficile soit-il, peut devenir une force lorsqu'il est approché avec créativité et détermination. Malgré sa déficience visuelle, Caroline trouva une manière unique d'explorer l'univers et de partager sa passion avec les autres. Grâce à ses ateliers au planétarium, elle inspira ses camarades à voir l'univers différemment, prouvant que la connaissance n'a pas de limites.

Questions de réflexion :

1. Comment Caroline a-t-elle utilisé ses autres sens pour surmonter sa déficience visuelle et explorer l'univers ?

2. Pourquoi est-il important d'adapter ses passions et de partager ses connaissances, même face à des obstacles comme un handicap visuel ?

9. NINA : TRANSFORMER L'HYPERACTIVITÉ EN TALENT MUSICAL

Un tourbillon d'énergie

Nina, dix ans, était une enfant remplie d'énergie, un véritable tourbillon. Depuis toute petite, elle avait du mal à rester en place, à se concentrer sur une seule tâche. Au collège, c'était un défi quotidien pour elle de rester assise à sa table sans bouger ou de suivre une leçon sans perdre le fil de ses pensées. Son esprit sautait d'une idée à l'autre comme un papillon, et son corps suivait ce même rythme effréné. Cette énergie débordante, que beaucoup prenaient pour de l'agitation, était souvent incomprise par ses enseignants et ses camarades.

Dès la maternelle, les enseignants de Nina avaient remarqué son hyperactivité. Elle était constamment en mouvement, jouant avec ses mains, tapant des pieds, ou bougeant sa chaise. Au fil des années, cette agitation ne fit que s'amplifier, et les remarques de ses professeurs se firent de plus en plus nombreuses. « Nina, tiens-toi tranquille ! » ou encore « Tu dois te concentrer comme les autres. » Elle entendait ces phrases tous les jours.

À la maison, ses parents essayaient de comprendre pourquoi Nina avait autant de mal à rester calme. Elle n'était pas une enfant désobéissante, au contraire, mais elle semblait incapable de maîtriser son énergie. « Pourquoi je n'arrive pas à être comme les autres ? » demandait-elle parfois, désespérée par l'impression d'être toujours « trop » quelque chose.

L'incompréhension et l'isolement

Au collège, l'agitation de Nina devint un problème. Elle ne pouvait pas rester concentrée pendant une leçon complète, et elle finissait souvent par déranger ses camarades en classe. « Pourquoi tu ne peux pas te calmer ? » lui lança un jour un de ses amis, exaspéré par ses interruptions constantes. Ces remarques blessèrent Nina. Elle ne cherchait pas à déranger, mais elle ne savait pas comment faire autrement.

Certains de ses camarades commencèrent à l'éviter, fatigués de son comportement qu'ils ne comprenaient pas. Nina se sentit de plus en plus isolée, et ce sentiment la rendait encore plus agitée. Elle essayait de se concentrer, de contrôler ses gestes, mais plus elle essayait, plus son corps semblait lui échapper. Cela la frustrait profondément.

Ses parents, inquiets, décidèrent de consulter un spécialiste. Après plusieurs séances, le diagnostic tomba : Nina souffrait d'hyperactivité. Cela expliquait ses mouvements constants et sa difficulté à rester calme. Mais ce diagnostic, bien que révélateur, ne fournissait pas de solutions immédiates. Nina et sa famille allaient devoir apprendre à vivre avec cette énergie débordante.

La découverte des percussions

Un jour, alors que Nina marchait dans les couloirs du collège, elle entendit des sons qui attirèrent immédiatement son attention. Ces sons résonnaient avec force, ils étaient rythmés, puissants. Elle suivit la mélodie jusqu'à la salle de musique, où un groupe d'élèves jouait des percussions. Fascinée, elle resta à la porte, incapable de détourner les yeux.

La musique, les vibrations, le rythme, tout cela semblait appeler Nina. Les percussions étaient si dynamiques, si pleines d'énergie. Elle sentait dans son corps que c'était exactement ce dont elle avait besoin. Le professeur de musique, M. Roussel, la remarqua à la porte et l'invita à entrer. « Viens, Nina. Tu veux essayer ? » lui demanda-t-il avec un sourire.

Nina, d'abord timide, accepta. Elle prit place devant un tambour et attendit les instructions. Dès le premier coup qu'elle donna sur l'instrument, elle sentit une vague d'excitation monter en elle. Le son, la vibration, l'énergie qu'elle pouvait libérer en tapant sur la peau du tambour étaient incroyables. C'était comme si, pour la première fois, son corps trouvait un moyen d'explorer son agitation de manière productive.

Le talent inattendu

Au fil des semaines, Nina rejoignit le groupe de percussion du collège. Chaque cours était une révélation pour elle. En jouant, elle se rendait compte que son hyperactivité, ce qu'elle avait toujours perçu comme un fardeau, pouvait devenir une force. Le rythme des tambours correspondait à l'énergie débordante qu'elle ressentait constamment. Elle n'avait pas besoin de se calmer ou de se retenir, au contraire, elle pouvait tout libérer à travers la musique.

Ses camarades de musique furent eux aussi surpris par le talent naturel de Nina pour les percussions. Elle avait une capacité à ressentir le rythme d'une manière instinctive. M. Roussel, impressionné, lui donna plus de responsabilités au sein du groupe, lui permettant de diriger certains morceaux ou d'improviser des solos.

Pour la première fois, Nina se sentait valorisée pour ce qu'elle était. Elle n'avait pas besoin de s'excuser pour son énergie. Au contraire, cette énergie était la clé de son succès. Elle n'était plus « la fille trop agitée », mais « Nina, la percussionniste talentueuse ». Ce changement d'identité transforma la manière dont elle se percevait.

L'impact au collège et dans sa vie quotidienne

Avec le succès qu'elle rencontra en musique, Nina commença à gagner en confiance en elle. Elle se rendit compte que son hyperactivité n'était pas forcément un défaut, mais qu'il lui fallait trouver les bons outils pour la canaliser. Le fait d'avoir trouvé un exutoire à travers les percussions lui permit aussi de mieux se concentrer en classe.

Ses enseignants, autrefois fatigués par son agitation, notèrent un changement. Bien que Nina bouge toujours en classe, elle semblait plus à même de se concentrer, notamment après ses cours de musique. La percussive régularité qu'elle pratiquait avec tant de passion semblait apaiser son esprit.

À la maison, ses parents remarquèrent également une différence. Nina, qui auparavant avait du mal à rester calme, passait de plus en plus de temps à répéter des rythmes sur son tambour ou sur des objets de la maison. Elle transformait son besoin de mouvement en quelque chose de positif.

Le grand concert

L'année scolaire avançait, et le groupe de percussion préparait un grand concert pour la fin de l'année. M. Roussel décida de confier à Nina un rôle central : elle serait la soliste sur un morceau particulièrement complexe. Nina, bien qu'un peu nerveuse, se sentait prête à relever ce défi.

Le soir du concert, la grande salle du collège était remplie de parents, d'élèves et de professeurs. Nina était sur scène avec ses camarades, son tambour devant elle. Le moment tant attendu arriva. La musique commença, d'abord doucement, puis avec une intensité croissante. Lorsque son solo débuta, Nina ferma les yeux et laissa son instinct prendre le dessus. Elle joua avec passion, libérant toute l'énergie qu'elle avait en elle.

Les sons qu'elle produisit étaient puissants, dynamiques, et le public fut captivé. À la fin de son solo, la salle entière éclata en applaudissements. Nina se leva, souriante, fière d'elle-même. Pour la première fois, elle avait transformé son hyperactivité en une force créatrice, et cela lui avait permis de briller devant tout le monde.

Les outils pour gérer l'hyperactivité

À travers son parcours, Nina découvrit plusieurs outils et stratégies qui l'aidèrent à gérer son hyperactivité au quotidien :

1. **La musique comme exutoire** : Nina utilisa les percussions comme moyen de canaliser son énergie. Jouer d'un instrument qui demandait de la force et de la régularité lui permit de transformer son agitation en un rythme structuré.

2. **La routine et la discipline** : En répétant régulièrement ses morceaux de musique, Nina développa une routine qui l'aida à mieux organiser son temps et à calmer son esprit.

3. **La confiance en soi** : En étant valorisée pour son talent, Nina gagna en confiance en elle-même. Cette confiance lui permit de mieux gérer les moments où elle se sentait submergée par son énergie.

4. **L'acceptation de son hyperactivité** : Plutôt que de lutter contre son hyperactivité, Nina apprit à l'accepter et à en faire une force. Elle comprit que son énergie pouvait être un atout, à condition de trouver des moyens créatifs de l'exprimer.

Conclusion : Hyperactivité et percussions, une harmonie inattendue

L'histoire de Nina montre qu'il est possible de transformer ce qui semble être une faiblesse en une force. Grâce aux percussions, elle découvrit que son hyperactivité n'était pas un obstacle, mais une qualité qui, bien canalisée, pouvait l'amener à s'épanouir pleinement. Elle apprit que, malgré les difficultés, il est essentiel de trouver sa propre manière de gérer ses différences et de les valoriser.

Questions de réflexion :

1. Comment Nina a-t-elle réussi à canaliser son hyperactivité à travers les percussions et comment cela a-t-il changé sa perception d'elle-même ?

2. Pourquoi est-il important d'accepter ses différences et de trouver des moyens positifs pour les exprimer, même lorsqu'elles semblent poser des défis au quotidien ?

10. DYSCALCULIE ET GÉOMÉTRIE : LE TALENT CACHÉ DE CÉCILE

Les débuts des difficultés

Cécile avait toujours eu des problèmes avec les chiffres. Depuis son plus jeune âge, elle savait que quelque chose n'allait pas dès qu'il s'agissait de mathématiques. Alors que ses camarades semblaient comprendre facilement les concepts, elle, se retrouvait perdue face aux calculs, aux fractions et aux multiplications. À chaque contrôle de maths, elle sentait son cœur se serrer, sachant d'avance que les résultats seraient décevants.

Quand elle entra au collège à douze ans, les choses ne s'améliorèrent pas. Les exercices devinrent plus complexes, et même si elle faisait de son mieux, ses notes ne reflétaient jamais ses efforts. À chaque nouvelle équation, Cécile sentait la panique monter. Les chiffres dansaient devant ses yeux, se mélangeant dans un désordre qu'elle ne pouvait contrôler. Elle ne savait pas pourquoi, mais les mathématiques semblaient lui échapper comme du sable entre les doigts.

Dans la classe, certains élèves la surnommaient en plaisantant « Cécile, la rêveuse », à cause de son regard souvent perdu lorsqu'il s'agissait de maths. Si ce surnom n'était pas méchant, il la blessait néanmoins. Elle savait qu'elle n'était pas moins intelligente que les autres, mais son trouble la faisait souvent douter d'elle-même.

Le diagnostic de la dyscalculie

Un jour, après une énième mauvaise note en maths, Cécile rentra à la maison en pleurant. Sa mère, inquiète de la voir si désemparée, décida d'en parler à un spécialiste. Après plusieurs tests, un diagnostic fut posé : Cécile souffrait de dyscalculie, un trouble spécifique des apprentissages qui affecte la capacité à comprendre et à manipuler les nombres.

À la maison, ses parents lui expliquèrent ce que cela signifiait. « Ce n'est pas que tu ne fais pas d'efforts, Cécile », lui dit son père. « C'est simplement que ton cerveau traite les nombres différemment. Mais il existe des façons de surmonter ça. » Ces paroles réconfortèrent Cécile, mais elle ne savait toujours pas comment elle allait faire pour suivre en cours de maths.

Le diagnostic apporta un certain soulagement, mais aussi une nouvelle source d'angoisse. Cécile se demandait si elle serait capable de surmonter ce problème ou si elle serait toujours en décalage avec les autres. Elle avait peur que ses camarades découvrent son trouble et se moquent encore plus d'elle.

La rencontre avec M. Lefèvre, le professeur de géométrie

Au début de sa deuxième année de collège, Cécile fit la connaissance de M. Lefèvre, un professeur de mathématiques spécialisé en géométrie. Contrairement à ses autres professeurs de maths, M. Lefèvre avait une approche différente. Il était patient, passionné et aimait montrer à ses élèves que les mathématiques pouvaient être amusantes.

Dès le premier cours, il remarqua que Cécile avait du mal avec les exercices classiques, mais il vit aussi qu'elle s'intéressait à un aspect précis des maths : la géométrie. À chaque fois qu'il traçait des formes sur le tableau, Cécile suivait avec une attention particulière. Lorsqu'il introduisit les figures géométriques, Cécile semblait fascinée.

Un jour, alors que tout le monde était concentré sur un exercice, M. Lefèvre s'approcha discrètement d'elle. « Cécile, tu sembles particulièrement intéressée par la géométrie. Pourquoi ne pas explorer cette voie ? » Cécile fut surprise. Elle n'avait jamais envisagé que la géométrie puisse être une matière où elle pourrait exceller. Jusqu'à présent, les maths avaient toujours été synonymes de difficulté, de stress et d'échec.

La révélation

Peu de temps après cette conversation, M. Lefèvre décida d'organiser un projet spécial pour la classe : chaque élève devait créer un modèle géométrique en 3D à partir de formes simples. C'était une manière pour lui de montrer à ses élèves que la géométrie n'était pas seulement une affaire de calculs, mais aussi de créativité et de visualisation.

Pour la première fois, Cécile se sentit enthousiaste à l'idée de faire un travail en maths. Le projet lui paraissait moins abstrait que les exercices habituels. Elle se mit à réfléchir à différentes formes et à imaginer comment elle pouvait les assembler.

En travaillant sur son modèle, quelque chose de magique se produisit. Cécile, qui d'ordinaire avait du mal à visualiser les concepts mathématiques, trouva une facilité déconcertante à manipuler les formes géométriques. Elle traçait des cercles, des triangles, des carrés, les combinait entre eux, créant peu à peu une structure complexe mais harmonieuse. Elle découvrit que son cerveau, bien qu'il ait du mal avec les chiffres, pouvait comprendre et manipuler les formes avec une aisance incroyable.

Le jour de la présentation, Cécile apporta son modèle, une sorte de construction complexe composée de diverses formes enchevêtrées. Ses camarades furent impressionnés par son travail, et même M. Lefèvre la félicita chaleureusement. « Tu as un véritable talent pour la géométrie, Cécile », lui dit-il avec un sourire. « Tu devrais explorer cette voie, elle pourrait t'ouvrir des portes. »

Le talent caché de Cécile

Ce jour-là, Cécile découvrit quelque chose de fondamental : bien qu'elle ait des difficultés avec les nombres, elle possédait un don pour visualiser et manipuler les formes géométriques. Ce talent lui permit de voir les mathématiques sous un autre angle. Alors que les équations abstraites la laissaient perplexe, les figures géométriques, elles, prenaient sens dans son esprit.

M. Lefèvre continua de l'encourager. Il lui proposa des exercices de géométrie plus avancés et l'aida à comprendre comment utiliser ses compétences visuelles pour résoudre des problèmes. Pour la première fois, Cécile se sentit compétente en maths, même si cela ne concernait qu'une partie spécifique de la matière.

Des outils pour surmonter la dyscalculie

Au fil de ses découvertes, Cécile commença à utiliser des outils qui l'aidaient à compenser ses difficultés tout en développant ses compétences en géométrie. Ces outils, simples mais efficaces, l'aidèrent non seulement à mieux comprendre les concepts mathématiques, mais aussi à retrouver confiance en elle.

1. **La manipulation concrète** : Cécile trouva qu'en manipulant des objets réels, comme des cubes ou des triangles en carton, elle parvenait mieux à comprendre les concepts abstraits. M. Lefèvre lui fournit des outils géométriques en trois dimensions pour l'aider à visualiser ses exercices.

2. **Les diagrammes et les schémas** : Lorsqu'elle rencontrait un problème, Cécile apprit à dessiner des schémas pour rendre les informations plus visuelles et moins abstraites. Cela lui permettait de mieux organiser ses idées et de comprendre comment les différents éléments s'articulaient.

3. **Les applications interactives** : Grâce à une application sur son ordinateur, Cécile pouvait explorer les formes géométriques en les faisant tourner, en les agrandissant ou en les combinant. Cela lui offrait une manière dynamique de travailler avec des concepts géométriques.

4. **La patience et la répétition** : Cécile comprit également que la dyscalculie nécessitait beaucoup de patience. Elle devait parfois répéter plusieurs fois le même exercice pour bien assimiler un concept. Mais chaque petite victoire lui montrait qu'elle progressait.

Le projet de fin d'année

En fin d'année, M. Lefèvre proposa à Cécile de participer à un concours de géométrie organisé par le collège. Ce concours réunissait des élèves de différents établissements qui devaient réaliser une œuvre géométrique complexe. Cécile hésita d'abord. Elle avait encore du mal à croire qu'elle pouvait exceller dans une matière qui, pendant tant d'années, lui avait semblé si inaccessible.

Mais M. Lefèvre la convainquit. « Ce n'est pas la dyscalculie qui te définit, Cécile. Ce sont tes talents, ta créativité et ta détermination. » Ces mots la touchèrent profondément. Elle décida alors de relever le défi.

Pendant plusieurs semaines, elle travailla d'arrache-pied sur son projet. Elle créa une œuvre géométrique composée de plusieurs figures imbriquées les unes dans les autres, formant une sorte de labyrinthe en trois dimensions. Ce projet lui permit non seulement d'exprimer sa créativité, mais aussi de montrer qu'elle pouvait utiliser ses forces pour surmonter ses faiblesses.

Le jour du concours

Le jour du concours arriva, et Cécile, bien qu'un peu nerveuse, se sentait prête. Elle avait travaillé dur, et pour la première fois, elle croyait en ses capacités. Lors de la présentation, elle expliqua comment elle avait conçu son modèle, comment chaque figure géométrique s'emboîtait parfaitement dans l'ensemble, et comment la géométrie avait changé sa manière de voir les mathématiques.

Les juges furent impressionnés par son travail, et Cécile remporta le prix de la meilleure œuvre géométrique. Ce fut un moment de triomphe pour elle, mais aussi une véritable révélation. Ce jour-là, elle comprit que ses difficultés ne la limitaient pas. Elles la forçaient simplement à trouver d'autres moyens de réussir.

Conclusion : Révéler le talent caché

L'histoire de Cécile est celle d'une jeune fille qui, malgré ses difficultés avec les chiffres, découvrit un talent caché pour la géométrie. Grâce au soutien de son professeur et à sa persévérance, elle transforma un trouble en une force. Elle apprit que, même si elle avait des limitations, cela ne l'empêchait pas d'exceller dans un domaine qu'elle n'aurait jamais soupçonné.

Cécile réalisa que la clé de la réussite n'était pas de se conformer aux attentes des autres, mais de trouver sa propre voie. La géométrie lui permit de voir les mathématiques sous un autre angle, et elle continua à explorer ce domaine avec passion.

Questions de réflexion :

1. Comment Cécile a-t-elle réussi à transformer ses difficultés en une force grâce à la géométrie ?

2. Pourquoi est-il important de découvrir ses talents cachés et de les utiliser pour surmonter les obstacles de la vie quotidienne ?

11. LES DRAGONS DE MARINE : L'INSPIRATION D'UNE ARTISTE AUTISTE

Un monde intérieur riche

Marine, âgée de onze ans, avait toujours eu un univers intérieur fascinant. Tandis que ses camarades s'adonnaient à des jeux de plein air ou partageaient des conversations animées, Marine préférait rester à l'écart, dans un coin calme, souvent avec un carnet de dessin à la main. Ses personnages favoris étaient des dragons. Elle aimait dessiner des créatures aux ailes majestueuses, ornées d'écailles aux couleurs vives, souvent inspirées de ses rêves et de son imagination débordante.

Marine était autiste. Pour elle, le monde extérieur semblait souvent confus et bruyant. Les interactions sociales étaient difficiles, les sons trop forts, et les règles sociales floues. Mais à l'intérieur de son monde, à travers ses dessins, elle trouvait un réconfort profond. Ses dragons n'étaient pas seulement des créatures fantastiques, ils étaient ses protecteurs, des symboles de la force et du courage qu'elle ressentait parfois lui manquer.

L'incompréhension des autres

Au collège, Marine était souvent incomprise par ses camarades. Elle n'aimait pas les jeux de groupe, elle ne riait pas aux mêmes blagues, et elle avait parfois des difficultés à comprendre les conversations autour d'elle. « Pourquoi elle ne parle jamais ? » se demandaient certains. « Elle est bizarre. » Ces commentaires, bien que prononcés sans malice, atteignaient Marine profondément. Elle se sentait différente, en décalage.

Les récréations étaient les moments les plus difficiles. Tandis que les autres enfants jouaient et discutaient, Marine se réfugiait dans un coin avec ses dessins. Parfois, des élèves passaient devant elle et jetaient un coup d'œil moqueur à ses dessins. « C'est quoi, ça ? Des dragons ? » ricanaient-ils. Marine ne répondait pas. Elle ne savait pas comment expliquer que ces dragons représentaient plus que de simples créatures fantastiques. Ils étaient ses compagnons, son échappatoire à un monde qu'elle ne comprenait pas toujours.

Au fil du temps, Marine s'enfermait de plus en plus dans son univers, se coupant des autres pour se protéger de leurs moqueries et de l'incompréhension. Elle ressentait un sentiment d'isolement croissant, même si elle savait que ses parents et ses enseignants essayaient de la soutenir. Mais le contact avec les autres enfants lui semblait de plus en plus inaccessible.

L'art comme moyen d'expression

Marine avait toujours trouvé du réconfort dans le dessin, mais elle n'avait jamais imaginé à quel point cet art deviendrait essentiel pour elle. Un jour, lors d'un atelier artistique organisé à l'école, Mme Laval, la professeur d'art plastique, remarqua les dessins de Marine. Tandis que d'autres enfants dessinaient des paysages ou des objets du quotidien, Marine avait couvert sa feuille de papier de dragons détaillés, chacun avec une personnalité distincte, une allure unique. Fascinée, Mme Laval vint s'asseoir à côté d'elle.

« Marine, tes dessins sont incroyables. Ils ont tellement de vie », lui dit-elle doucement. Marine, un peu surprise par cette attention, ne répondit pas tout de suite. Mais les mots de Mme Laval résonnèrent en elle. C'était la première fois que quelqu'un regardait ses dragons avec admiration, sans se moquer. « Tu as un véritable talent. Pourquoi ne pas exposer tes œuvres lors du prochain projet d'art du collège ? »

Marine hésita. L'idée de montrer ses dessins à tout le monde lui semblait effrayante. Elle avait toujours dessiné pour elle-même, jamais pour les autres. Mais Mme Laval la rassura. « Tu n'es pas obligée, bien sûr. Mais je pense que tes dragons méritent d'être vus. »

Le défi de l'exposition

Encouragée par Mme Laval et ses parents, Marine accepta de participer à l'exposition d'art. Pendant des semaines, elle travailla d'arrache-pied sur ses œuvres. Chaque dragon qu'elle dessinait avait une histoire, une personnalité. Il y avait le dragon bleu, symbole de calme et de sagesse ; le dragon rouge, symbole de force et de courage ; et le dragon vert, représentant la protection et la guérison. Marine mettait tout son cœur dans ses dessins, comme si chaque coup de crayon était une part d'elle-même.

Le jour de l'exposition, Marine se sentait nerveuse. Ses œuvres étaient accrochées aux murs de la salle d'art, aux côtés des autres projets des élèves. Elle se demandait si ses camarades allaient encore se moquer, si ses dragons allaient être ridiculisés. Mais à sa grande surprise, lorsque les élèves et les parents commencèrent à entrer dans la salle, les réactions furent tout autres.

« Wow, regarde ces détails ! » murmura un élève à son ami. « Ces dragons sont tellement cools », ajouta une fille qui n'avait jamais parlé à Marine auparavant. Petit à petit, Marine vit des sourires d'admiration se dessiner sur les visages des visiteurs. Pour la première fois, ses dragons étaient vus, et elle aussi.

L'acceptation de soi

Ce moment fut un tournant dans la vie de Marine. À travers ses dessins, elle avait réussi à exprimer ce qu'elle avait du mal à dire avec des mots. Elle comprit que son art était une manière de communiquer avec les autres, de leur montrer une partie de son monde intérieur.

Ses camarades commencèrent à s'intéresser à elle d'une manière nouvelle. « Comment tu fais pour dessiner des dragons aussi réalistes ? » lui demanda un jour un garçon de sa classe, véritablement intrigué. Marine, qui n'était pas habituée à ce type d'attention, eut du mal à répondre, mais elle se sentit valorisée. Elle réalisa que ses différences, bien que parfois difficiles à vivre, étaient aussi une richesse. Son autisme lui permettait de voir le monde sous un angle unique, et ses dragons étaient le reflet de cette perception singulière.

Elle commença également à accepter ses propres particularités. Plutôt que de lutter contre ses difficultés de communication ou ses besoins de tranquillité, elle apprit à les apprivoiser. Ses parents, ses enseignants, et même quelques camarades de classe l'aidèrent à comprendre qu'elle n'avait pas besoin de se conformer aux attentes des autres pour être acceptée. Elle pouvait être elle-même.

Un avenir prometteur

Avec le temps, Marine se fit peu à peu connaître pour son talent artistique. Ses dragons devinrent sa marque de fabrique. Elle participait à d'autres expositions, où son travail était remarqué et salué par des professionnels. Mme Laval l'encouragea même à suivre des cours de dessin en dehors du collège, et Marine, bien que timide, se sentait prête à explorer encore plus profondément son art.

Elle comprit que l'art n'était pas seulement un moyen de s'exprimer, mais aussi un outil puissant pour se connecter aux autres. Grâce à ses dessins, Marine trouva un moyen de faire passer des émotions et des messages qu'elle ne pouvait pas toujours formuler avec des mots.

Les outils pour vivre avec l'autisme

Tout au long de son parcours, Marine découvrit des outils et des stratégies qui l'aidèrent à mieux vivre avec son autisme et à s'épanouir dans sa passion pour l'art :

1. **L'expression artistique** : Pour Marine, le dessin devint un outil essentiel pour communiquer ses émotions et ses pensées. Cela lui permit de surmonter ses difficultés à interagir verbalement avec les autres.

2. **Un environnement calme** : Marine avait besoin de moments de calme pour se recentrer. Ses parents et ses enseignants comprirent l'importance de lui offrir des espaces où elle pouvait se retirer sans être interrompue.

3. **Le soutien des proches** : Le soutien bienveillant de sa famille et de ses enseignants fut crucial pour Marine. Ils l'encouragèrent à accepter ses différences et à les transformer en forces.

4. **La valorisation des passions** : En acceptant sa passion pour les dragons et en la partageant avec les autres, Marine trouva une source de motivation et de confiance en elle-même.

Conclusion : L'art, un pont entre deux mondes

L'histoire de Marine montre qu'il est possible de transformer des défis en opportunités de croissance et d'expression. Grâce à ses dragons, elle trouva un moyen unique de surmonter ses difficultés et de se connecter au monde extérieur. L'art devint son refuge, mais aussi un pont vers les autres. Marine comprit que ses différences faisaient partie de ce qui la rendait spéciale et qu'elles pouvaient être un atout dans son parcours de vie.

Questions de réflexion :

1. Comment Marine a-t-elle utilisé l'art pour exprimer ses émotions et se connecter aux autres malgré ses difficultés de communication ?

2. Pourquoi est-il important d'accepter et de valoriser ses passions, même si elles semblent différentes de celles des autres ?

12. LES JEUX ÉDUCATIFS D'IMANE : UNE RÉPONSE À SA PHOBIE SCOLAIRE

L'apparition des premières peurs

Imane avait toujours été une enfant curieuse, avide de découvertes et de savoir. Petite, elle adorait aller à l'école, apprendre de nouvelles choses et jouer avec ses amis dans la cour de récréation. Mais un jour, sans vraiment comprendre pourquoi, une peur étrange commença à l'envahir à l'idée même de se rendre à l'école. Ce qui avait été autrefois une routine normale devint un véritable cauchemar.

Le matin, alors que l'heure du départ approchait, Imane ressentait une boule au ventre. Ses mains devenaient moites, et une angoisse inexplicable montait en elle. Elle ne pouvait pas s'empêcher de pleurer, de trembler, et parfois même de se sentir malade. « Je ne peux pas aller à l'école, maman, s'il te plaît, je ne peux pas... », répétait-elle. Ses parents, d'abord déconcertés, pensaient que c'était une simple phase passagère. Mais les jours passaient, et l'angoisse de leur fille ne faisait que grandir.

L'incompréhension au collège

Au collège, la situation ne s'améliorait pas. Imane se sentait de plus en plus isolée. Ses camarades, qui ne comprenaient pas pourquoi elle ne venait pas souvent ou pourquoi elle semblait si différente, commencèrent à la mettre à l'écart. « Pourquoi tu n'es jamais là ? » lui demanda un jour une fille de sa classe d'un ton sec. Les rumeurs couraient dans les couloirs, certains élèves pensant qu'elle faisait exprès d'éviter le collège, d'autres la surnommant « la fille bizarre ». Imane se sentait incomprise, et cela ne faisait qu'aggraver son malaise.

Les professeurs, bien qu'ils remarquaient son absence fréquente, ne savaient pas comment l'aider. Chaque fois qu'Imane essayait de revenir en classe, elle se sentait submergée par l'angoisse. La peur de ne pas réussir à suivre, de se faire remarquer ou d'être moquée la paralysait. Petit à petit, la phobie scolaire s'installait dans sa vie, la privant de ses amitiés et de sa passion pour l'apprentissage.

La recherche de solutions

Les parents d'Imane, de plus en plus inquiets, décidèrent de consulter un psychologue spécialisé dans les troubles de l'anxiété chez les enfants. Après plusieurs séances, le diagnostic tomba : Imane souffrait de phobie scolaire, un trouble qui se manifeste par une peur intense et irrationnelle de l'école. Le psychologue leur expliqua que cette phobie était souvent liée à une combinaison de facteurs, comme la peur de l'échec, le stress des interactions sociales et une sensibilité accrue à l'environnement scolaire.

Imane commença une thérapie cognitive et comportementale

pour l'aider à surmonter ses peurs. Le travail ne fut pas facile, mais petit à petit, elle apprit à identifier les pensées anxieuses qui alimentaient sa phobie. Elle commença à utiliser des techniques de respiration pour calmer son anxiété, et à visualiser des situations positives au collège. Mais malgré ces progrès, le retour complet en classe restait une montagne à gravir pour elle.

Un déclic inattendu

Un jour, alors qu'Imane passait l'après-midi chez sa grand-mère, celle-ci lui proposa de faire un jeu ensemble. Sa grand-mère avait gardé une vieille boîte de jeux éducatifs, avec des cartes de mathématiques et des énigmes logiques. Imane, qui adorait résoudre des problèmes, se plongea dans ces jeux avec enthousiasme. Le simple fait de jouer dans un cadre détendu et sans pression raviva chez elle cette passion pour l'apprentissage.

Sa grand-mère, observant l'intérêt de sa petite-fille, lui proposa alors une idée : « Et si tu créais ton propre jeu éducatif, Imane ? Un jeu que tu aimerais jouer pour apprendre, à ton rythme ? » Cette suggestion alluma une étincelle dans l'esprit d'Imane. Elle réalisa que même si le collège lui faisait peur, elle adorait toujours apprendre et résoudre des énigmes. Et peut-être que, grâce à un jeu, elle pourrait retrouver le plaisir d'apprendre sans ressentir cette angoisse écrasante.

La naissance d'une idée

Imane se mit à réfléchir à un concept de jeu qui serait à la fois éducatif et amusant, mais surtout adapté aux enfants qui, comme elle, ressentaient une forme d'anxiété en classe. Elle imagina un jeu où les joueurs seraient des explorateurs dans un monde imaginaire, résolvant des énigmes pour avancer et découvrir de nouveaux territoires. Chaque énigme serait liée à une matière scolaire : mathématiques, histoire, géographie, mais présentée sous forme de défis ludiques.

Elle passa des heures à dessiner des cartes, à inventer des scénarios, et à tester son jeu avec ses parents. Ce projet devint un exutoire pour elle, un moyen de canaliser ses peurs et son énergie créative dans quelque chose de positif. En travaillant sur ce jeu, Imane se sentait plus en contrôle, et elle commença à redécouvrir le plaisir de l'apprentissage.

Le partage avec les autres

Après des mois de travail, Imane décida de partager son jeu avec quelques camarades de classe, des enfants qu'elle savait gentils et ouverts. Le jour où elle leur présenta son projet, elle était nerveuse. « Et s'ils n'aiment pas ? Et s'ils se moquent de moi encore une fois ? » Ces pensées tournaient en boucle dans sa tête, mais elle savait qu'elle devait essayer.

À sa grande surprise, ses camarades furent enchantés par le jeu. Ils trouvèrent l'idée innovante et amusante. « C'est génial ! » s'exclama l'un d'eux. Ils passèrent des heures à jouer, à résoudre des énigmes ensemble, et pour la première fois depuis longtemps, Imane se sentit à l'aise en groupe. Le jeu n'était plus seulement un projet personnel, mais un moyen de se reconnecter avec les autres et de vaincre sa peur du collège.

Petit à petit, d'autres enfants s'intéressèrent à son jeu. Il devint un succès dans la cour de récréation, et même des enseignants commencèrent à le recommander pour les élèves qui avaient du mal à se concentrer ou à aimer certaines matières. Le jeu d'Imane montrait que l'apprentissage pouvait être un plaisir, même pour ceux qui étaient effrayés par le cadre scolaire.

Le retour progressif au collège

Grâce à ce projet, Imane retrouva petit à petit confiance en elle. Elle ne se précipita pas pour revenir en classe à plein temps, mais elle commença à assister à certains cours, à participer à des activités scolaires, surtout celles liées à la création et à l'imagination. Elle se rendit compte qu'elle n'avait pas à être parfaite ou à tout comprendre immédiatement. Le plus important était d'avancer à son propre rythme, de ne pas se comparer aux autres et de se concentrer sur ses propres progrès.

Avec le soutien de ses parents, de ses professeurs et de ses nouveaux amis, Imane apprit à gérer son anxiété et à retrouver une place dans le monde scolaire. Son jeu éducatif devint même une ressource pour d'autres enfants ayant des difficultés en classe. Imane avait transformé sa peur en quelque chose de constructif, et cela changea radicalement sa perception d'elle-même et de ses capacités.

Les outils pour surmonter la phobie scolaire

Tout au long de son parcours, Imane développa des outils et des stratégies pour l'aider à gérer sa phobie scolaire :

1. **Les jeux éducatifs comme outil d'apprentissage** : Imane utilisa la création de jeux pour rendre l'apprentissage amusant et moins angoissant. En jouant, elle pouvait apprendre à son rythme et sans pression.

2. **La respiration et la méditation** : Imane apprit des techniques de respiration et de relaxation pour calmer ses crises d'anxiété avant de se rendre au collège ou de participer à des activités stressantes.

3. **Un retour progressif** : Plutôt que de se forcer à revenir en classe à plein temps immédiatement, Imane prit le temps de revenir progressivement, en choisissant d'abord les activités qui lui plaisaient le plus.

4. **Le soutien familial et scolaire** : Le rôle de ses parents, du psychologue et de ses enseignants fut essentiel pour l'aider à surmonter ses peurs et à retrouver confiance en elle.

Conclusion : Transformer la peur en créativité

L'histoire d'Imane montre que la phobie scolaire, bien qu'intense et difficile à surmonter, peut être gérée avec les bons outils et le soutien approprié. En trouvant un moyen créatif de reconnecter avec l'apprentissage à travers les jeux, Imane transforma sa peur en une force. Elle découvrit que ses difficultés ne la définissaient pas, et qu'elle pouvait trouver des solutions innovantes pour surmonter ses obstacles.

Questions de réflexion :

1. Comment Imane a-t-elle utilisé la création de jeux éducatifs pour surmonter sa phobie scolaire et redécouvrir le plaisir d'apprendre ?

2. Pourquoi est-il important de prendre son temps et d'avancer à son propre rythme lorsqu'on fait face à des défis comme la phobie scolaire ?

13. LA MAGIE DES JEUX DE MÉMOIRE : LOUISA ET SES PROBLÈMES DE CONCENTRATION

Une concentration toujours ailleurs

Louisa était une jeune fille intelligente et créative, mais il y avait un domaine dans lequel elle rencontrait des difficultés : la concentration. Au collège, ses enseignants remarquaient souvent qu'elle semblait distraite, perdue dans ses pensées alors que les autres suivaient la leçon. Il lui arrivait de poser des questions sur un sujet qui venait d'être expliqué ou de manquer une consigne importante parce qu'elle n'avait pas réussi à rester concentrée assez longtemps.

À la maison, ses parents remarquaient la même chose. Lorsqu'il s'agissait de faire ses devoirs, Louisa prenait des heures à finir un exercice simple. Elle se levait pour aller chercher un crayon, s'arrêtait en chemin pour regarder par la fenêtre, puis oubliait pourquoi elle s'était levée. Ce n'était pas qu'elle ne voulait pas se concentrer, mais son esprit semblait toujours vagabonder ailleurs.

Les moqueries au collège

Dans la cour, certains de ses camarades ne comprenaient pas ses difficultés et commençaient à se moquer d'elle. « Pourquoi tu rêves toujours, Louisa ? » demandaient-ils avec un sourire moqueur. « On dirait que tu es sur une autre planète. » Ces remarques blessèrent Louisa, même si elle essayait de ne pas le montrer. Elle avait l'impression d'être incomprise, et plus elle essayait de se concentrer, plus cela lui semblait difficile.

Les journées devenaient un fardeau pour Louisa. Elle redoutait les cours où l'on attendait d'elle qu'elle suive attentivement pendant de longues périodes, car elle savait qu'elle finirait par décrocher. Les contrôles étaient encore plus stressants, car elle avait du mal à organiser ses idées et à rester focalisée sur une question avant de passer à la suivante.

Une rencontre qui change tout

Un jour, alors que Louisa rentrait du collège, elle tomba sur un petit groupe d'enfants dans un parc. Ils étaient en train de jouer à un jeu de mémoire. Chaque enfant devait mémoriser l'emplacement de différentes cartes et les associer par paires. Curieuse, Louisa s'approcha pour regarder. À sa grande surprise, elle se rendit compte qu'elle avait une bonne capacité à mémoriser les emplacements des cartes. Elle observait, analysait, et devinait où se trouvait chaque paire.

L'un des enfants l'invita à jouer. Au début, Louisa était nerveuse, craignant de ne pas réussir, mais elle se prêta au jeu. À sa grande surprise, elle gagna la partie. Ce fut un moment révélateur pour elle. Peut-être qu'il y avait des moyens d'améliorer sa concentration, et ce jeu de mémoire semblait être un bon point de départ.

La découverte des jeux de mémoire

Encouragée par cette petite victoire, Louisa commença à s'intéresser davantage aux jeux de mémoire. Elle demanda à ses parents de lui acheter des jeux similaires, et chaque soir, elle passait du temps à jouer, à mémoriser des séquences, des chiffres, des couleurs, et des images. Peu à peu, elle remarqua que ces exercices l'aidaient à améliorer sa concentration dans d'autres domaines.

Ses parents, qui voyaient les progrès de leur fille, décidèrent de l'encourager encore plus. Ils cherchèrent des jeux éducatifs et des applications sur la mémoire et la concentration. Louisa s'amusait à jouer à ces jeux, sans se rendre compte qu'elle était en train de développer des compétences essentielles. Ces jeux lui permettaient de mieux organiser ses pensées et de rester focalisée plus longtemps.

Un changement en classe

Les effets de ces jeux de mémoire ne tardèrent pas à se faire sentir au collège. Louisa, qui autrefois avait du mal à rester attentive en classe, commença à mieux suivre les leçons. Elle parvenait à se concentrer plus longtemps et à mémoriser des informations importantes. Son enseignant, surpris par ce changement, lui fit remarquer un jour : « Louisa, tu sembles beaucoup plus attentive ces derniers temps. C'est remarquable. »

Ses camarades aussi remarquèrent la différence. Elle ne semblait plus perdue dans ses pensées ou distraite pendant les cours. Au lieu de se moquer d'elle, certains enfants commencèrent à s'intéresser à ses jeux de mémoire. Louisa leur expliqua comment ces jeux l'avaient aidée à améliorer sa concentration et sa mémoire, et bientôt, ils commencèrent à jouer ensemble pendant la récréation.

L'importance de la persévérance

Louisa comprit rapidement que ce n'était pas simplement le fait de jouer à des jeux qui avait amélioré sa concentration, mais aussi la persévérance. Il y avait des jours où elle se sentait à nouveau distraite, où elle avait du mal à se concentrer même en jouant. Mais elle ne se décourageait pas. Elle avait appris que la clé était d'être patiente et de continuer à s'entraîner.

Avec l'aide de ses parents, elle mit en place une routine quotidienne qui incluait des moments de jeu pour entraîner sa mémoire, mais aussi des pauses régulières pour se détendre et recharger ses batteries. Elle apprit à mieux gérer son temps et à découper ses tâches en petites étapes, ce qui l'aidait à ne pas se sentir submergée.

Un projet de classe inattendu

Un jour, son enseignant annonça un projet de classe : chaque élève devait présenter une activité ou un sujet qui les passionnait. Louisa, qui aurait autrefois paniqué à l'idée de parler devant toute la classe, se sentit étrangement confiante. Elle savait exactement ce qu'elle voulait présenter : les jeux de mémoire et comment ils l'avaient aidée à améliorer sa concentration.

Pendant des jours, elle prépara sa présentation avec soin. Elle apporta plusieurs jeux, prépara des explications sur leur utilité, et même quelques statistiques montrant comment ces jeux pouvaient aider les enfants comme elle. Le jour de la présentation, elle se tenait devant la classe, nerveuse mais déterminée.

À sa grande surprise, ses camarades furent captivés par sa présentation. Certains d'entre eux avaient également des problèmes de concentration et se reconnurent dans son expérience. Ils lui posèrent des questions, essayèrent ses jeux, et lui demandèrent des conseils pour améliorer leur propre mémoire.

Un avenir prometteur

Grâce à cette présentation, Louisa se rendit compte qu'elle n'était pas seule à avoir des difficultés de concentration. D'autres enfants, qui ne l'avaient jamais avoué, se mirent à partager leurs propres défis. Cela créa une nouvelle dynamique dans la classe. Louisa ne se sentait plus isolée ou incomprise. Au contraire, elle devint un modèle pour ses camarades, prouvant qu'il était possible de transformer une difficulté en force.

Avec le soutien de ses parents, de ses enseignants, et de ses nouveaux amis, Louisa continua à progresser. Elle comprit que, même si elle devait toujours travailler sur sa concentration, elle avait trouvé des outils efficaces pour l'aider à surmonter ses défis. Son avenir, autrefois assombri par des inquiétudes et des doutes, lui semblait maintenant plein de promesses.

Les outils pour améliorer la concentration

Tout au long de son parcours, Louisa découvrit plusieurs outils et stratégies qui l'aidèrent à améliorer sa concentration et à surmonter ses défis :

1. **Les jeux de mémoire** : Louisa découvrit que jouer à des jeux qui stimulent la mémoire l'aidait à améliorer sa concentration dans d'autres domaines. Ces jeux lui permirent de mieux organiser ses pensées et de rester concentrée plus longtemps.

2. **Les pauses régulières** : Louisa apprit que prendre des pauses courtes mais régulières l'aidait à mieux se concentrer sur ses tâches. Ces pauses lui permettaient de recharger ses batteries mentales avant de reprendre une activité.

3. **La persévérance et la patience** : Elle comprit que

l'amélioration de sa concentration demandait du temps et des efforts réguliers. La persévérance était la clé de ses progrès.

4. **L'organisation du travail** : Louisa apprit à diviser ses tâches en petites étapes réalisables, ce qui lui permettait de ne pas se sentir submergée par une tâche trop longue ou complexe.

Conclusion : Transformer la distraction en succès

L'histoire de Louisa montre que, même lorsqu'on rencontre des difficultés de concentration, il est possible de trouver des solutions pour améliorer ses capacités. Grâce aux jeux de mémoire et à la persévérance, elle apprit à mieux gérer son attention et à réussir au collège. Elle prouva que, malgré les moqueries et les incompréhensions, elle pouvait transformer ses défis en succès.

Questions de réflexion :

1. Comment Louisa a-t-elle utilisé les jeux de mémoire pour améliorer sa concentration et changer la perception qu'elle avait d'elle-même ?

2. Pourquoi est-il important de persévérer face à des difficultés, même lorsque les progrès semblent lents ou difficiles ?

14. L'ASTHME MAÎTRISÉ : CLOÉ TROUVE SA VOIX DANS LE CHANT

Une respiration difficile

Cloé avait toujours adoré chanter. Depuis qu'elle était petite, elle se mettait à fredonner des chansons dès qu'elle en avait l'occasion. Mais à l'âge de dix ans, elle commença à ressentir quelque chose d'étrange. Parfois, après avoir couru ou joué à l'extérieur, sa respiration devenait difficile, comme si l'air refusait de pénétrer dans ses poumons. Elle s'asseyait souvent à l'écart, tentant de reprendre son souffle, mais cela semblait empirer.

Un matin, après une activité sportive en cours d'E.P.S., Cloé fit une violente crise d'asthme. Ses camarades la virent s'arrêter soudainement, essoufflée, le visage crispé. L'enseignante la conduisit rapidement à l'infirmerie, et c'est là que le diagnostic tomba : Cloé souffrait d'asthme. C'était une nouvelle qui bouleversait non seulement ses parents, mais surtout Cloé elle-même. Comment pouvait-elle continuer à chanter si elle avait parfois du mal à respirer ?

L'incompréhension au collège

Au collège, Cloé commença à éviter les activités physiques, de peur de déclencher une nouvelle crise. Ses camarades ne comprenaient pas son comportement et, parfois, cela conduisait à des moqueries. « Tu ne fais jamais de sport avec nous, tu es toujours fatiguée ! » disaient certains. Les remarques blessèrent Cloé, qui avait déjà du mal à accepter son asthme.

Ce trouble respiratoire devint un obstacle dans la vie quotidienne de Cloé. Lors des récréations, elle voyait les autres enfants courir et s'amuser, tandis qu'elle restait à l'écart, craignant que son asthme ne se manifeste encore. Même ses parents, bien qu'ils faisaient de leur mieux pour la rassurer, sentaient la frustration de leur fille. L'asthme semblait voler une part de son enfance insouciante.

La passion du chant mise à l'épreuve

Malgré ses difficultés respiratoires, Cloé n'avait pas perdu sa passion pour le chant. Elle adorait toujours fredonner des mélodies lorsqu'elle était seule dans sa chambre, mais chanter en groupe, en cours de musique, devint plus difficile. Chaque fois qu'elle essayait de chanter de longues notes, son souffle se coupait et elle devait s'arrêter. Les autres la regardaient, parfois curieux, parfois impatients.

Un jour, lors d'une répétition pour un spectacle scolaire, Cloé perdit totalement son souffle au milieu d'une chanson. Elle sortit précipitamment de la salle, la gorge nouée par l'émotion et le manque d'air. Elle se réfugia dans un coin, les larmes aux yeux, persuadée qu'elle ne pourrait plus jamais chanter comme avant.

La rencontre avec un professeur de chant

C'est alors qu'un événement inattendu se produisit. Mme Durand, une ancienne chanteuse devenue professeure de chant à l'école, remarqua la détresse de Cloé. Elle s'approcha d'elle après la répétition et lui parla calmement : « Je t'ai entendue chanter, Cloé, et tu as une belle voix. Je sais que tu as des difficultés à respirer à cause de ton asthme, mais il existe des techniques qui pourraient t'aider. Veux-tu essayer ? »

Cloé, bien que sceptique, accepta l'offre de Mme Durand. Elle aimait tellement chanter qu'elle était prête à tout pour continuer. Durant leurs premières séances, la professeure lui apprit des exercices de respiration adaptés aux personnes asthmatiques. Ils consistaient à respirer profondément par le nez, puis à expirer lentement par la bouche, en contrôlant chaque souffle.

Au début, Cloé avait du mal à suivre. Elle était habituée à avoir une respiration saccadée à cause de son asthme, mais avec du temps et de la pratique, elle commença à voir des améliorations. Ces exercices devinrent un outil essentiel pour elle, non seulement pour chanter, mais aussi pour gérer ses crises d'asthme dans la vie quotidienne.

La maîtrise de la respiration

Les mois passèrent, et Cloé s'entraînait avec assiduité. Chaque jour, elle pratiquait ses exercices de respiration, apprenant à contrôler son souffle, même lors de moments de stress ou d'effort physique. Elle utilisa aussi un inhalateur prescrit par son médecin avant chaque répétition de chant, ce qui l'aidait à ouvrir ses voies respiratoires.

Elle apprit également des techniques pour chanter de manière plus douce, sans forcer sur ses poumons. Mme Durand lui montra comment utiliser son diaphragme pour soutenir sa voix sans avoir besoin de pousser son souffle. Grâce à ces techniques, Cloé retrouva peu à peu sa confiance et commença à chanter à nouveau dans la chorale.

Le retour sur scène

L'année suivante, le collège organisa un grand spectacle pour lequel chaque classe devait présenter un numéro. Mme Durand proposa à Cloé de chanter en solo. C'était une proposition à la fois excitante et terrifiante pour la jeune fille. Même si elle avait beaucoup progressé, l'idée de se tenir seule sur scène, devant tout le monde, la remplissait d'appréhension. Et si elle faisait une crise d'asthme devant tout le monde ? Et si elle n'arrivait pas à terminer sa chanson ?

Avec l'encouragement de sa professeure et de ses parents, Cloé décida de relever le défi. Elle choisit une chanson douce, qui ne nécessitait pas trop d'efforts vocaux, et continua de s'entraîner tous les jours. Elle répétait son morceau devant un petit miroir, visualisant chaque respiration, chaque note.

Le soir du spectacle, la salle était remplie. Cloé sentit ses mains devenir moites alors qu'elle attendait en coulisses. Son cœur battait à tout rompre, mais elle se rappela les conseils de Mme Durand : « Prends une grande inspiration, contrôle ton souffle, et laisse ta voix faire le reste. » Lorsqu'elle monta sur scène, elle se concentra sur sa respiration, comme elle l'avait appris. À mesure qu'elle chantait, elle sentit l'anxiété se dissiper. Son souffle était régulier, sa voix douce et maîtrisée.

À la fin de sa prestation, la salle entière éclata en applaudissements. Cloé, le cœur rempli de joie, réalisa qu'elle avait surmonté son plus grand défi. Elle n'était plus seulement la fille asthmatique qui devait faire attention à chaque respiration. Elle était devenue une chanteuse capable de maîtriser sa voix et son souffle.

Un exemple pour les autres

Après ce spectacle, Cloé devint une source d'inspiration pour ses camarades. Certains d'entre eux, qui avaient aussi des problèmes de santé ou des difficultés, vinrent lui parler. « Comment tu fais pour ne pas laisser ton asthme t'empêcher de chanter ? » demanda un jour une fille de sa classe.

Cloé leur expliqua que, bien sûr, l'asthme restait une difficulté, mais qu'avec de la persévérance et les bonnes techniques, elle avait appris à le contrôler. Elle partagea avec eux ses exercices de respiration et leur expliqua l'importance de ne pas se laisser abattre par un obstacle.

Les outils pour gérer l'asthme et chanter

À travers son parcours, Cloé découvrit plusieurs outils pour l'aider à gérer son asthme tout en poursuivant sa passion pour le chant :

1. **Les exercices de respiration** : Cloé apprit à utiliser des exercices de respiration pour mieux contrôler son souffle et éviter de s'essouffler pendant qu'elle chantait.

2. **L'inhalateur** : Avant chaque répétition ou performance, Cloé utilisait son inhalateur pour ouvrir ses voies respiratoires et prévenir les crises d'asthme.

3. **Le chant avec le diaphragme** : En apprenant à chanter en utilisant son diaphragme plutôt que ses poumons, Cloé parvint à réduire l'effort physique requis pour chanter.

4. **La gestion du stress** : Le stress pouvait aggraver les symptômes de l'asthme. Cloé apprit à gérer son anxiété avant une performance en se concentrant sur sa respiration et en visualisant des pensées positives.

Conclusion : L'asthme, une force et non une limite

L'histoire de Cloé montre que même un obstacle comme l'asthme peut être surmonté avec détermination et les bons outils. En apprenant à maîtriser sa respiration, elle découvrit que son asthme n'était pas une limite, mais un défi qu'elle pouvait relever. Grâce à son amour pour le chant et au soutien de ses proches, elle transforma cette difficulté en force.

Questions de réflexion :

1. Comment Cloé a-t-elle réussi à surmonter les difficultés liées à son asthme pour poursuivre sa passion pour le chant ?

2. Pourquoi est-il important de ne pas abandonner face à un obstacle de santé et de chercher des solutions pour continuer à vivre ses passions ?

15. LE PIANO D'ELISE : SURMONTER UNE MALFORMATION DE LA MAIN

Les premiers défis

Élise était née avec une malformation congénitale de la main droite. Ses doigts n'étaient pas complètement développés, ce qui rendait certaines tâches du quotidien plus compliquées pour elle que pour ses camarades. Dès son plus jeune âge, Élise apprit à adapter ses mouvements et à utiliser principalement sa main gauche pour réaliser ses activités. Elle n'en parlait que rarement, préférant ignorer les regards curieux et les questions maladroites des autres enfants. Mais malgré sa bravoure, certaines activités lui semblaient hors de portée.

Depuis qu'elle avait cinq ans, Élise rêvait de jouer du piano. Chaque fois qu'elle entendait la douce mélodie des touches résonner, elle sentait un mélange d'émerveillement et de tristesse. Ses parents, qui avaient toujours encouragé ses passions, hésitaient à la pousser dans cette voie. Ils craignaient que sa malformation ne rende la tâche trop difficile pour elle.

Le collège et les moqueries

Au collège, Élise était confrontée à l'incompréhension de certains de ses camarades. Lors des cours d'E.P.S. ou d'art plastique, il lui arrivait de demander un peu plus de temps pour réaliser certaines activités. Bien que certains enfants lui venaient en aide, d'autres, par manque de compréhension, se moquaient d'elle. « Regarde, elle n'arrive même pas à attraper la balle correctement ! » ou « Pourquoi t'essayes, si tu sais que tu peux pas le faire ? » Ces remarques, bien qu'elles ne soient pas faites avec méchanceté, pesaient lourd sur le cœur d'Élise.

Elle ne comprenait pas pourquoi elle devait toujours se justifier, pourquoi son corps ne pouvait pas faire ce que celui des autres enfants faisait sans effort. Pourtant, malgré les moqueries, Élise gardait son rêve de piano bien ancré en elle. Elle n'en parlait à personne, de peur qu'on ne lui dise une fois de plus que c'était impossible.

La découverte d'une opportunité

Un jour, alors qu'Élise accompagnait sa mère dans une librairie, elle tomba sur un livre intitulé "Les grands pianistes de l'impossible". Curieuse, elle feuilleta rapidement les pages. Ce livre racontait les histoires d'artistes qui, malgré des handicaps physiques, avaient réussi à exceller dans leur domaine. L'histoire d'un pianiste ayant perdu une main en particulier attira son attention. L'homme avait appris à jouer du piano avec une seule main, utilisant des techniques spéciales pour adapter la musique à sa condition. Pour Élise, c'était un véritable choc. Si quelqu'un avait réussi à le faire, pourquoi pas elle ?

Elle montra le livre à ses parents, les yeux brillants de

détermination. « Si lui a pu le faire, moi aussi je peux, non ? » demanda-t-elle avec un sourire plein d'espoir. Ses parents, touchés par sa détermination, décidèrent de la soutenir dans ce nouveau défi. Ils inscrivirent Élise à des cours de piano, avec l'espoir que son amour pour la musique puisse l'aider à surmonter les obstacles.

Les premiers cours de piano

Lorsque Élise arriva pour son premier cours de piano, elle ressentit à la fois de l'excitation et de la peur. Elle rencontra Mme Lemoine, une professeure de piano patiente et bienveillante, qui l'accueillit avec un sourire chaleureux. Dès le début, Élise fit part de ses inquiétudes à Mme Lemoine, qui la rassura immédiatement. « La musique n'a pas de limites, Élise. Ce qui compte, c'est la passion et la volonté, pas la forme de tes mains. Nous allons trouver une méthode adaptée à toi. »

Les premières leçons furent difficiles. Élise avait du mal à utiliser sa main droite pour jouer certaines notes, et elle sentait souvent la frustration monter. Cependant, Mme Lemoine lui enseigna des techniques spéciales qui lui permettaient de jouer des morceaux simples en adaptant les partitions à ses capacités. Ensemble, elles explorèrent des méthodes alternatives, combinant des accords avec la main gauche et des notes spécifiques avec la main droite.

La patience et la persévérance

Les progrès d'Élise furent lents mais constants. Chaque jour, elle pratiquait avec acharnement, parfois pendant des heures. Elle apprit à jouer des morceaux adaptés à son propre style. Sa main droite, bien que limitée, pouvait jouer des notes douces, tandis que sa main gauche prenait en charge les parties plus complexes de la partition.

Ses parents étaient émus de voir à quel point leur fille s'épanouissait à travers la musique. Bien qu'elle ne puisse pas jouer exactement comme les autres, Élise développait son propre style, unique et empreint de sensibilité. La musique devint non seulement une passion, mais aussi une manière pour elle d'exprimer ses émotions et de surmonter ses frustrations.

Le premier concert

Après plusieurs mois de pratique intensive, Élise était prête à participer à son premier concert de piano. Mme Lemoine organisa un petit récital avec ses élèves, et elle invita les parents et amis à venir écouter. Élise, bien que nerveuse, était déterminée à prouver à tout le monde – mais surtout à elle-même – qu'elle était capable de jouer.

Le jour du concert, la salle était remplie. Élise se sentait fébrile en attendant son tour, ses mains moites et son cœur battant à tout rompre. Mais lorsqu'elle se retrouva assise devant le piano, tout s'effaça. Elle ferma les yeux, prit une grande inspiration, et laissa ses doigts danser sur les touches. Les notes résonnaient, douces et puissantes à la fois. À cet instant, Élise ne pensait plus à ses limites physiques. Elle se laissait emporter par la mélodie, et le reste n'avait plus d'importance.

À la fin de sa performance, la salle éclata en applaudissements. Élise se sentait submergée par l'émotion. Elle avait réussi à accomplir ce qu'elle pensait impossible. Pour la première fois, elle ne se voyait plus comme une fille avec une malformation de la main, mais comme une musicienne à part entière.

Un avenir prometteur

Après ce concert, Élise continua de se perfectionner. Sa confiance en elle grandissait, et elle comprit que sa malformation ne devait pas définir ses limites. Elle s'intéressa à d'autres musiciens ayant des difficultés physiques, cherchant à comprendre comment chacun avait trouvé des moyens créatifs de surmonter les obstacles.

Avec le soutien de Mme Lemoine, Élise participa à d'autres concerts et même à des concours. Son style unique, né de ses contraintes, fascinait le public. Elle devint un exemple de résilience et de détermination, prouvant que la musique, comme tout art, peut s'adapter à l'individualité de chaque personne.

Les outils pour surmonter une malformation

Tout au long de son parcours, Élise découvrit plusieurs outils et stratégies qui l'aidèrent à surmonter sa malformation congénitale et à s'épanouir en tant que pianiste :

1. **L'adaptation des partitions** : Élise apprit à adapter les partitions à ses capacités, en jouant certaines parties avec la main gauche et en simplifiant les accords pour la main droite.

2. **La patience et la persévérance** : Apprendre à jouer du piano dans ces conditions nécessitait du temps et des efforts constants. Élise comprit qu'il fallait persévérer, même lorsque les progrès semblaient lents.

3. **Le soutien des enseignants et de la famille** : Le soutien bienveillant de Mme Lemoine et de ses parents fut crucial pour aider Élise à surmonter ses doutes et à se concentrer sur ses progrès.

4. **La gestion des frustrations** : Élise apprit à gérer ses frustrations en utilisant la musique comme exutoire émotionnel. Elle réalisa que chaque difficulté pouvait devenir une opportunité de créer quelque chose d'unique.

Conclusion : La musique comme expression de soi

L'histoire d'Élise montre que même avec une malformation physique, il est possible de poursuivre ses rêves avec détermination et créativité. En trouvant des méthodes adaptées à ses capacités, elle transforma ses défis en forces et découvrit une nouvelle manière de s'exprimer à travers la musique. Son parcours inspire à ne pas se laisser limiter par les obstacles physiques, mais à les transcender pour découvrir son plein potentiel.

Questions de réflexion :

1. Comment Élise a-t-elle surmonté les obstacles liés à sa malformation pour réaliser son rêve de devenir pianiste ?

2. Pourquoi est-il important de chercher des solutions créatives face à des limitations physiques ou personnelles ?

16. JULIETTE : DE LA SURDITÉ À L'ENSEIGNEMENT DE LA LANGUE DES SIGNES

L'onde de choc du silence

Juliette, une jeune fille de douze ans, n'avait jamais imaginé qu'un accident de voiture pourrait changer le cours de sa vie. Ce matin-là, tout semblait normal. Elle se rendait au collège avec ses parents quand soudain, un autre véhicule les percuta de plein fouet. L'accident, bien que sans blessures graves, eut une conséquence dramatique pour Juliette : elle perdit l'audition, définitivement.

La surdité s'installa dans sa vie comme un silence assourdissant. Juliette, habituée aux rires des enfants dans la cour de récréation, à la voix douce de sa mère, se retrouva dans un monde où les sons n'existaient plus. Les médecins avaient expliqué à ses parents que la perte auditive était totale et irréversible, causée par une lésion cérébrale liée au choc.

Juliette ressentit une immense tristesse, mais aussi une incompréhension profonde. Comment vivre dans un monde où elle ne pourrait plus entendre les mots qui l'avaient tant réconfortée ? Pour une jeune fille de douze ans, cette transition fut brutale.

Les premiers jours de solitude

À son retour au collège, tout avait changé. Ses amis, autrefois proches et joyeux, semblaient ne plus savoir comment s'adresser à elle. Les enfants étaient souvent maladroits et ne savaient pas comment réagir face à sa nouvelle situation. Certains la regardaient avec pitié, tandis que d'autres l'ignoraient tout simplement, incapables de comprendre comment ils pouvaient communiquer avec elle.

Les enseignants, malgré leurs bonnes intentions, n'étaient pas formés pour gérer une élève sourde. Juliette se retrouva isolée dans un environnement qu'elle connaissait pourtant bien. Les cours devinrent un cauchemar : elle ne pouvait plus suivre les explications, et même les moments de récréation devinrent oppressants. Les enfants jouaient autour d'elle, mais c'était comme si elle faisait partie d'un autre monde.

Ses camarades, ne comprenant pas sa surdité, commencèrent à se moquer d'elle. « Pourquoi tu ne réponds jamais quand on t'appelle ? » « Elle fait exprès de nous ignorer. » Juliette, blessée, n'osait plus participer aux activités scolaires. Chaque jour, elle se sentait de plus en plus éloignée des autres, enfermée dans un monde silencieux et solitaire.

La proposition inattendue

C'est lors d'une équipe éducative que les parents de Juliette comprirent qu'ils devaient agir pour aider leur fille à surmonter cette situation. L'idée d'apprendre la langue des signes fut mise sur la table par un conseiller spécialisé. Au début, Juliette refusa. Pour elle, apprendre la langue des signes signifiait accepter pleinement sa surdité, ce qu'elle n'était pas prête à faire. Elle voulait retrouver son monde d'avant, celui où elle pouvait entendre et comprendre les autres sans effort.

Mais après plusieurs mois de frustration et de solitude, Juliette se rendit compte qu'elle ne pouvait plus continuer ainsi. Ses parents la convainquirent d'essayer, lui expliquant que la langue des signes était un outil pour lui permettre de communiquer avec les autres. C'était une nouvelle forme de langage, et non une limitation.

Les débuts en langue des signes

Les premiers jours d'apprentissage furent difficiles. Juliette avait l'impression d'être plongée dans un nouveau monde, un monde où tout passait par les mains et les gestes. Elle se sentait maladroite, mais son professeur, Mme Dupont, une femme sourde elle-même, l'encouragea à persévérer. « La langue des signes n'est pas simplement un moyen de communication, c'est une manière de donner vie à nos émotions, à nos pensées », lui dit-elle lors de leur première séance.

Progressivement, Juliette commença à comprendre la beauté de ce langage visuel. Chaque signe, chaque mouvement de la main, était comme une danse fluide, et elle se surprit à aimer cette nouvelle forme d'expression. Elle apprit rapidement les signes de base : « bonjour », « merci », « comment ça va », mais aussi des concepts plus complexes liés à ses émotions. Pour la première fois depuis l'accident, elle se sentit capable de dire à sa famille ce qu'elle ressentait réellement.

La rencontre avec d'autres enfants sourds

Un jour, Mme Dupont proposa à Juliette de participer à un groupe de jeunes enfants sourds, tous apprenant également la langue des signes. Ce fut un tournant décisif dans sa vie. Pour la première fois, Juliette se retrouva avec des enfants qui partageaient sa réalité. Ils ne la regardaient pas avec curiosité ou pitié ; ils comprenaient ce qu'elle traversait.

Dans ce groupe, Juliette se fit de nouveaux amis. Ils communiquaient en langue des signes, et peu à peu, elle retrouva le plaisir de jouer, de rire, et de partager des moments d'amitié. Ces rencontres furent essentielles pour elle. Elles lui permirent de réaliser qu'elle n'était pas seule, que d'autres enfants vivaient la même situation, et surtout, qu'ils parvenaient à mener une vie épanouie malgré leur surdité.

Le défi du collège

Si Juliette s'épanouissait dans son groupe de jeunes sourds, le collège restait un environnement difficile. Bien que ses parents aient sensibilisé les enseignants à la surdité de leur fille, la barrière de la communication persistait. Ses camarades de classe ne connaissaient pas la langue des signes, et elle ne pouvait pas suivre les cours normalement.

Ses parents décidèrent alors de proposer au collège d'organiser un atelier de langue des signes pour les élèves et les enseignants. Ils expliquèrent que cet atelier ne servirait pas seulement à aider Juliette, mais à sensibiliser tout le monde à la surdité et à montrer que la langue des signes était un outil précieux.

La mise en place de l'atelier

Après quelques discussions, la principale du collège accepta la proposition. Un spécialiste de la langue des signes fut invité à animer des séances hebdomadaires pour les élèves intéressés. Juliette, bien que nerveuse, était ravie de l'initiative. C'était une occasion pour elle de montrer à ses camarades que sa surdité n'était pas une faiblesse, mais une différence qu'ils pouvaient comprendre et accepter.

Les premiers ateliers furent un succès. De nombreux élèves, curieux et enthousiastes, participèrent et apprirent des signes simples. Juliette se sentit enfin intégrée. Elle n'était plus seulement la fille « différente », mais une ambassadrice d'une nouvelle langue, un pont entre deux mondes. À la récréation, certains enfants venaient lui parler en langue des signes, lui demandant de leur montrer de nouveaux gestes ou de les aider à signer correctement.

Un lien plus fort avec ses camarades

Avec le temps, Juliette se fit de nouveaux amis. Ceux qui avaient autrefois peur de sa différence commençaient à comprendre que la langue des signes n'était pas seulement une langue pour les sourds, mais une nouvelle manière d'exprimer des idées et des sentiments. Même les enseignants commencèrent à signer avec elle en classe, permettant une meilleure interaction et une inclusion véritable.

Pour Juliette, cette expérience fut une véritable libération. Elle n'était plus isolée, et le sentiment d'incompréhension s'effaçait peu à peu. Mieux encore, elle découvrit que la langue des signes lui permettait de s'exprimer avec une clarté et une précision qu'elle n'avait jamais ressenties auparavant.

L'amour de l'enseignement

En grandissant, Juliette se rendit compte qu'elle ne voulait pas seulement maîtriser la langue des signes, elle voulait aussi l'enseigner. L'expérience de l'atelier dans collège avait éveillé en elle une passion pour la transmission du savoir. Elle se souvenait de la manière dont la langue des signes avait changé sa vie, lui permettant de communiquer avec les autres et de retrouver sa place dans le monde.

Elle décida alors de se former pour devenir enseignante en langue des signes. Elle suivit des cours spécialisés et commença à donner des ateliers dans d'autres écoles, partageant son parcours et sensibilisant les jeunes à la surdité. Elle voulait que chaque enfant sourd ou malentendant sache qu'il existe des moyens de surmonter les barrières et de s'épanouir pleinement.

Les outils pour surmonter la surdité

Tout au long de son parcours, Juliette développa plusieurs outils qui l'aidèrent à surmonter les défis liés à la surdité et à aider les autres à comprendre son monde :

1. **L'apprentissage de la langue des signes** : Juliette découvrit que la langue des signes était plus qu'un moyen de communication, c'était une manière d'exprimer des émotions et des idées avec clarté.

2. **La sensibilisation des autres** : Juliette comprit que pour surmonter son isolement, il était essentiel de sensibiliser ses camarades à sa surdité et à la langue des signes. Elle transforma sa différence en force en devenant une ambassadrice de cette langue.

3. **La persévérance et la patience** : Elle apprit que surmonter les défis de la surdité demandait du temps et des efforts. Chaque signe appris et chaque conversation réussie étaient des victoires personnelles.

4. **Le soutien des parents et des enseignants** : Le soutien indéfectible de sa famille et des enseignants fut crucial pour son intégration et son épanouissement scolaire.

Conclusion : Enseigner pour transformer

L'histoire de Juliette montre que les défis, lorsqu'ils sont affrontés avec courage et détermination, peuvent devenir des opportunités de transformation personnelle. En maîtrisant la langue des signes et en enseignant cette langue à d'autres, elle a réussi à transformer sa surdité en une force. Juliette est devenue une source d'inspiration pour de nombreux enfants et adultes, prouvant que la différence peut être un pont vers de nouvelles découvertes.

Questions de réflexion :

1. Comment Juliette a-t-elle utilisé la langue des signes pour transformer sa surdité en une force et créer des liens avec ses camarades ?

2. Pourquoi est-il important d'enseigner la langue des signes à un jeune âge pour sensibiliser et inclure les personnes sourdes dans notre société ?

17. HYPERSENSIBLE ET PASSIONNÉE : SOPHIE DÉVOILE LES SECRETS DES PLANTES

Une hypersensibilité difficile à vivre

Sophie, une jeune fille de 10 ans, avait toujours ressenti les émotions plus intensément que les autres. Les bruits forts, les lumières vives, et même les odeurs trop puissantes la plongeaient dans un état de malaise. Son hypersensibilité ne se limitait pas à ses sens, elle affectait également ses émotions. Lorsqu'elle était heureuse, elle éclatait de joie, mais lorsqu'elle se sentait triste ou anxieuse, ses émotions devenaient si fortes qu'elles prenaient le dessus sur elle.

Au collège, cette sensibilité exacerbée devint un sujet de moqueries. Les enfants, souvent peu compréhensifs, ne voyaient en elle qu'une « petite pleurnicheuse ». Lorsque Sophie se sentait submergée par les bruits dans la classe, elle se couvrait les oreilles. Les élèves la voyaient comme étrange et lui lançaient des remarques blessantes. « Pourquoi tu te caches, Sophie ? » « Arrête de faire ta chochotte, c'est juste un peu de bruit ! » Ces mots piquaient comme des aiguilles.

Sophie ne comprenait pas pourquoi elle était si différente. Elle aurait voulu être comme les autres, capable de supporter les bruits des récréations sans sentir son cœur battre à toute vitesse, ou de parler en public sans sentir sa gorge se serrer de peur.

Un refuge inattendu : le jardin de Mamie

Heureusement pour Sophie, il y avait un endroit où elle se sentait en sécurité : le jardin de sa grand-mère, situé à quelques kilomètres de chez elle. Dès qu'elle posait le pied dans cet espace de verdure, son anxiété disparaissait. Le calme des plantes, le doux murmure du vent dans les feuilles, et le parfum apaisant des fleurs l'aidaient à se recentrer.

Sa grand-mère, Mamie Mandou, avait un jardin luxuriant rempli de plantes qu'elle connaissait toutes par leur nom. Un jour, voyant Sophie particulièrement tendue après une journée difficile au collège, Mamie Mandou l'emmena près d'une petite plante aux feuilles douces et argentées. « Tu vois cette plante ? C'est de la lavande. Elle est connue pour ses vertus apaisantes. Si tu en froisses un brin entre tes doigts, tu sentiras son parfum, et cela t'aidera à te détendre. »

Sophie fit ce que sa grand-mère lui indiquait. Dès que l'odeur de la lavande atteignit ses narines, elle ressentit une vague de calme la traverser. Ce fut une révélation pour elle. Les plantes avaient un pouvoir. Elles pouvaient l'aider à gérer son hypersensibilité.

La découverte des plantes médicinales

À partir de ce jour, Sophie passa de plus en plus de temps dans le jardin de sa grand-mère. Mamie Mandou lui apprit à reconnaître différentes plantes et à comprendre leurs bienfaits. Ensemble, elles découvrirent des plantes qui aidaient à calmer l'anxiété, d'autres qui favorisaient un meilleur sommeil, et même des plantes qui pouvaient améliorer la concentration.

Sophie se rendit compte que les plantes offraient des solutions naturelles à certains des problèmes qu'elle rencontrait. La camomille, par exemple, devint l'une de ses préférées. Avant d'aller se coucher, elle préparait une infusion avec quelques fleurs séchées et la buvait doucement, ce qui l'aidait à apaiser ses pensées tourbillonnantes avant de dormir.

Le projet du collège

Un jour, lors d'une réunion de classe, l'enseignante proposa aux élèves de créer un projet en lien avec la nature. Chaque élève devait choisir un sujet et le présenter devant la classe. Sophie, qui jusque-là avait toujours évité de se mettre en avant, eut une idée lumineuse. Elle voulait parler des plantes médicinales et de leur pouvoir apaisant. Bien que la perspective de parler devant toute la classe l'effrayait, elle sentait que c'était l'occasion parfaite de partager sa passion et de montrer à ses camarades une facette d'elle qu'ils ne connaissaient pas.

Pendant plusieurs semaines, Sophie prépara sa présentation avec soin. Elle se plongea dans les livres de botanique, cherchant des informations sur les propriétés des plantes, et travailla avec sa grand-mère pour créer un petit guide pratique des plantes qu'elle allait présenter.

La présentation

Le jour de la présentation, Sophie était nerveuse. Elle sentait son cœur battre rapidement et ses mains devenaient moites. Pourtant, elle avait une arme secrète : un petit bouquet de lavande qu'elle avait préparé avec Mamie Mandou. Avant de commencer, elle frotta doucement les fleurs entre ses doigts et respira profondément leur parfum apaisant.

Lorsqu'elle se leva pour parler, elle prit une grande inspiration et se concentra sur sa passion pour les plantes. Elle commença à expliquer comment certaines plantes pouvaient aider à calmer l'anxiété, à mieux dormir, et même à se concentrer. Elle montra à ses camarades des échantillons de plantes, leur expliquant comment les utiliser.

À mesure qu'elle parlait, elle sentait sa nervosité disparaître. Les élèves, d'abord sceptiques, furent captivés par ses explications. « Est-ce que la camomille aide vraiment à mieux dormir ? » demanda l'un d'eux. « Oui, » répondit Sophie avec un sourire. « Vous devriez essayer une tasse de tisane avant de dormir, vous verrez. »

À la fin de sa présentation, la classe éclata en applaudissements. Sophie était à la fois soulagée et fière. Pour la première fois, elle avait réussi à montrer une partie de qui elle était, sans se laisser dominer par sa sensibilité.

Un changement dans la perception des autres

Après sa présentation, Sophie remarqua un changement dans l'attitude de ses camarades. Ils ne la voyaient plus seulement comme « la fille hypersensible », mais comme quelqu'un qui avait des connaissances précieuses à partager. Certains d'entre eux vinrent la voir pendant les récréations pour lui poser des questions sur les plantes. Ils voulaient savoir comment utiliser les plantes pour se détendre avant un contrôle, ou comment faire une infusion pour soulager un mal de tête.

Sophie, qui avait toujours eu du mal à se faire des amis à cause de sa sensibilité, se retrouva peu à peu entourée de camarades curieux et bienveillants. Elle réalisa que sa sensibilité, qu'elle avait longtemps perçue comme une faiblesse, pouvait en réalité être une force. Elle lui permettait de ressentir le monde avec une intensité que peu de personnes comprenaient, mais cette intensité lui donnait également une grande capacité d'empathie et un lien unique avec la nature.

Le club des plantes

Encouragée par le succès de sa présentation, Sophie eut une nouvelle idée. Elle proposa à l'enseignante de créer un « Club des Plantes » au collège. Ce club serait un lieu où les élèves pourraient en apprendre davantage sur les plantes et leurs bienfaits, mais aussi où ils pourraient discuter de sujets liés au bien-être et à la gestion des émotions.

L'enseignante, impressionnée par l'initiative de Sophie, accepta avec enthousiasme. Très vite, le club attira plusieurs élèves, et chaque semaine, Sophie animait des séances où elle partageait ses connaissances sur les plantes, leur utilisation, et comment elles pouvaient améliorer la vie quotidienne. Le club devint un lieu de partage et de soutien, où les élèves apprenaient à mieux se connaître et à comprendre leurs émotions, souvent avec l'aide de simples remèdes naturels.

La force de l'hypersensibilité

Sophie comprit, au fil du temps, que son hypersensibilité n'était pas un obstacle à surmonter, mais une force à cultiver. Elle lui permettait de ressentir les choses avec une profondeur que beaucoup de personnes ne connaissaient pas. Cette sensibilité, qui l'avait autrefois isolée, devint un atout pour elle. Grâce à son lien avec la nature et à ses connaissances sur les plantes, elle était capable de gérer ses émotions et d'aider les autres à faire de même.

Elle développa plusieurs stratégies pour vivre avec son hypersensibilité de manière harmonieuse. Lorsqu'elle se sentait submergée par les bruits de la classe ou les émotions des autres, elle utilisait des techniques de respiration qu'elle avait apprises grâce à Mamie Mandou. Elle se concentrait sur le parfum d'une plante ou sur la sensation des feuilles entre ses doigts pour retrouver son calme.

Un avenir prometteur

Avec les années, la passion de Sophie pour les plantes médicinales ne fit que grandir. Elle décida qu'elle voulait en faire son métier. Son rêve était de devenir herboriste et de créer un jardin botanique où les gens pourraient venir se ressourcer et apprendre à utiliser les plantes pour améliorer leur bien-être. Elle rêvait aussi d'écrire des livres sur le sujet, pour que d'autres enfants comme elle, qui se sentaient différents à cause de leur hypersensibilité, puissent découvrir un moyen naturel de mieux vivre avec leurs émotions.

Le jardin de Mamie Mandou resta son refuge préféré, un lieu où elle pouvait toujours revenir pour se ressourcer et trouver de nouvelles idées. Ensemble, elles continuèrent d'explorer les mystères des plantes, découvrant sans cesse de nouveaux remèdes et de nouvelles histoires à raconter.

Les outils pour vivre avec l'hypersensibilité

Tout au long de son parcours, Sophie découvrit plusieurs outils pour l'aider à gérer son hypersensibilité et à s'épanouir dans un monde souvent bruyant et intense :

1. **Le lien avec la nature** : Le jardin de Mamie Mandou devint un refuge pour Sophie, lui offrant un espace calme où elle pouvait se ressourcer. La nature, et en particulier les plantes, devinrent ses alliées pour apaiser ses émotions.

2. **Les plantes médicinales** : Sophie apprit à utiliser certaines plantes, comme la lavande et la camomille, pour calmer son anxiété et améliorer son sommeil. Ces remèdes naturels devinrent des outils précieux pour elle.

3. **La respiration consciente** : Sophie apprit à contrôler son souffle pour calmer ses émotions lorsque celles-ci

devenaient trop intenses. Sentir le parfum des plantes ou se concentrer sur une sensation naturelle l'aidait à se recentrer.

4. **Le partage et la sensibilisation** : En créant le Club des Plantes, Sophie découvrit que partager ses connaissances et sensibiliser les autres à l'hypersensibilité permettait de créer des ponts et de changer la perception des gens.

Conclusion : Transformer la différence en force

L'histoire de Sophie montre que ce qui peut sembler être une faiblesse peut en réalité devenir une force. Grâce à sa passion pour les plantes et à son hypersensibilité, elle a non seulement trouvé des moyens de mieux vivre avec ses émotions, mais elle a aussi aidé les autres à comprendre et à accepter leurs propres différences. En transformant son hypersensibilité en une force créative et apaisante, Sophie a découvert que chaque défi peut devenir une opportunité de grandir.

Questions de réflexion :

1. Comment Sophie a-t-elle utilisé sa passion pour les plantes pour transformer son hypersensibilité en force ?

2. Pourquoi est-il important de trouver des moyens créatifs pour gérer ses émotions et ses différences ?

18. ALEXANDRA : LA DYSPHASIE TRANSFORMÉE EN SYMPHONIE ÉMOTIONNELLE

La musique comme refuge

Alexandra avait toujours eu une relation particulière avec les mots. Alors que ses camarades babillaient joyeusement et se lançaient dans de longues conversations, pour elle, chaque phrase était un défi. Ses mots sortaient souvent maladroitement, incomplets ou désordonnés. Ses camarades ne comprenaient pas toujours ce qu'elle voulait dire, et cela la plongeait dans un sentiment de frustration constant. Alexandra souffrait de dysphasie, un trouble du langage qui rendait la communication verbale difficile.

Malgré ces obstacles, Alexandra avait trouvé un refuge dans la musique. À la maison, lorsqu'elle jouait du piano ou écoutait des morceaux classiques, elle se sentait apaisée. Pour elle, la musique n'avait pas besoin de mots. Elle pouvait exprimer ses émotions, ses joies et ses tristesses sans avoir à prononcer un seul son. Elle pouvait tout ressentir, tout partager, à travers les mélodies qui résonnaient sous ses doigts.

Un jour, en observant sa fille jouer du piano avec passion, la mère d'Alexandra décida de l'inscrire à un cours de musique. Elle pensait que cela pourrait non seulement aider Alexandra à s'exprimer, mais aussi lui offrir une forme d'évasion face à ses difficultés linguistiques.

L'entrée dans l'orchestre

Le conservatoire où Alexandra suivait ses cours de musique possédait un orchestre pour enfants. L'enseignant, M. Durand, était un homme passionné et bienveillant, toujours à l'écoute de ses élèves. Lorsque M. Durand remarqua le talent naturel d'Alexandra pour le piano, il l'invita à rejoindre l'orchestre. Elle pourrait jouer du piano, mais aussi découvrir d'autres instruments. Cette proposition enflamma l'imagination de la jeune fille.

Mais rejoindre l'orchestre signifiait aussi être entourée d'autres enfants, et cela l'effrayait. Au collège, ses difficultés de langage faisaient qu'elle était souvent moquée ou ignorée. Ses camarades, ne comprenant pas sa dysphasie, avaient tendance à la mettre à l'écart. Alexandra craignait que cela ne se reproduise dans l'orchestre.

Les premières difficultés

Le premier jour dans l'orchestre, Alexandra se sentit à la fois excitée et nerveuse. Elle arriva avec son petit sac contenant ses partitions et prit place devant le piano. Les autres musiciens s'installaient également : violonistes, flûtistes, percussionnistes, tous prêts à jouer ensemble. M. Durand commença à expliquer la première pièce qu'ils allaient travailler, mais lorsqu'il demanda si tout le monde avait compris, Alexandra resta silencieuse. Elle avait des questions, mais les mots restaient coincés dans sa gorge.

À la pause, certains élèves s'approchèrent d'elle. « Tu joues bien du piano », dit l'un d'eux. Alexandra sourit, mais avant qu'elle ne puisse répondre, un autre élève ajouta : « Pourquoi tu parles si bizarrement parfois ? » Ce commentaire, bien que dit sans réelle méchanceté, la blessa profondément. Elle baissa les yeux et évita leur regard.

Ces premiers jours furent difficiles. Alexandra redoutait les interactions avec les autres musiciens, de peur qu'ils se moquent de son langage. Elle commençait à se demander si rejoindre l'orchestre avait été une bonne idée.

Le soutien de M. Durand

M. Durand, cependant, remarqua rapidement qu'Alexandra était mal à l'aise. Un jour, après la répétition, il la retint quelques minutes de plus. « Alexandra, je sais que ce n'est pas toujours facile de s'exprimer avec des mots, mais tu es une musicienne exceptionnelle. La musique est aussi un langage, et tu le maîtrises à la perfection. N'oublie jamais que tu as ta place ici, parmi nous. »

Ces paroles résonnèrent profondément en elle. Pour la première fois depuis son arrivée dans l'orchestre, Alexandra se sentit vraiment comprise. Elle décida de ne plus se laisser décourager par ses difficultés de langage. La musique serait son moyen de s'exprimer, même si les mots lui échappaient parfois.

Un lien avec les autres musiciens

Avec le temps, Alexandra commença à se faire une place dans l'orchestre. Bien que certains de ses camarades ne comprenaient toujours pas entièrement sa dysphasie, ils commencèrent à apprécier ses talents de pianiste et sa détermination. Les répétitions devinrent des moments où Alexandra pouvait montrer qu'elle était bien plus que ses difficultés de langage.

Un jour, lors d'une répétition, l'un des violonistes, Léo, fit une erreur en jouant une note. Il regarda Alexandra avec un sourire gêné. « C'est pas mon jour, désolé. » Alexandra, sans dire un mot, joua la note juste sur le piano, comme pour l'encourager. Ce geste simple créa un lien instantané entre eux. Peu à peu, d'autres enfants de l'orchestre commencèrent à interagir avec elle, non pas à travers des mots, mais à travers la musique.

Le concert de fin d'année

L'année scolaire touchait à sa fin, et M. Durand organisa un grand concert de l'orchestre. Les parents, les enseignants, et même les élèves du collège étaient invités. Ce concert était un événement important, et chaque musicien devait jouer un morceau en solo avant de rejoindre l'orchestre pour une symphonie collective.

Alexandra avait été choisie pour jouer une pièce de piano en solo, un moment qui la terrifiait. Elle n'avait jamais joué devant un public aussi large, et bien que la musique soit son refuge, elle craignait que le stress ne prenne le dessus.

Le jour du concert, la salle était comble. Alexandra attendait nerveusement dans les coulisses, écoutant les autres musiciens jouer avant elle. Lorsque son tour arriva, elle se dirigea vers le piano, ses mains tremblantes. Elle s'assit, inspira profondément et ferma les yeux un instant, cherchant à retrouver le calme qu'elle ressentait toujours lorsqu'elle jouait à la maison.

Elle commença à jouer. Les premières notes résonnèrent dans la salle, et peu à peu, Alexandra se laissa emporter par la musique. Ses doigts dansaient sur les touches, et tout son stress s'évapora. Elle n'était plus Alexandra, la fille avec des difficultés de langage, mais Alexandra, la pianiste, capable de toucher les cœurs sans avoir besoin de parler.

Une ovation inattendue

À la fin de sa performance, un silence se fit dans la salle, suivi d'une ovation chaleureuse. Les applaudissements semblaient ne jamais s'arrêter. Alexandra, encore sous le coup de l'émotion, se leva et fit une petite révérence. Elle n'avait pas besoin de mots pour comprendre ce que signifiait ce moment. Elle avait réussi.

À la sortie de la scène, plusieurs de ses camarades de l'orchestre vinrent la féliciter. « C'était incroyable ! » lui dit Léo. « Je savais que tu jouais bien, mais là, c'était magique. » Pour la première fois, Alexandra se sentit pleinement acceptée. Non pas malgré sa dysphasie, mais avec elle. Elle comprit que son trouble du langage ne la définissait pas, et que la musique serait toujours là pour lui permettre de s'exprimer.

Des outils pour vivre avec la dysphasie

Au fil des années, Alexandra découvrit plusieurs outils qui l'aidèrent à mieux vivre avec sa dysphasie et à s'épanouir dans un monde où les mots étaient souvent un défi :

1. **La musique comme moyen d'expression** : La musique devint pour Alexandra une manière de communiquer sans avoir besoin de mots. Elle pouvait exprimer ses émotions, ses pensées, et même ses frustrations à travers les notes.

2. **La patience et la persévérance** : Alexandra apprit que surmonter les défis de la dysphasie nécessitait du temps et des efforts constants. Chaque progrès, aussi petit soit-il, était une victoire.

3. **Le soutien des enseignants et des proches** : Le soutien de M. Durand et de sa famille fut essentiel pour l'aider à croire en ses capacités et à trouver des solutions adaptées à ses besoins.

4. **L'acceptation de soi** : Plutôt que de voir sa dysphasie comme un obstacle, Alexandra apprit à l'accepter comme une partie de son identité. Elle comprit que ce qui comptait, c'était de trouver des moyens de s'exprimer et de partager sa passion, même si cela prenait des formes différentes.

Conclusion : Une symphonie d'acceptation

L'histoire d'Alexandra montre que, même face à des défis aussi complexes que la dysphasie, il est possible de trouver des moyens d'expression et de communication qui vont au-delà des mots. Grâce à la musique, elle découvrit une manière de partager sa voix unique avec le monde. Alexandra devint un exemple de résilience, prouvant que les difficultés ne sont jamais des freins à la créativité et à l'épanouissement personnel.

Questions de réflexion :

1. Comment Alexandra a-t-elle utilisé la musique pour surmonter ses difficultés de langage et s'épanouir dans l'orchestre ?

2. Pourquoi est-il important de trouver des moyens alternatifs d'expression lorsque les mots sont difficiles à utiliser ?

19. TROUBLES DE L'ATTENTION ET PASSION POUR L'ART : JADE ET SES RÊVES EN COULEURS

Une entrée au collège pleine de défis

Jade avait toujours eu du mal à se concentrer. Depuis son enfance, elle vivait avec des troubles de l'attention, mais c'est à son entrée au collège que ces difficultés devinrent plus visibles. Les matières se multipliaient, les attentes académiques augmentaient, et Jade se sentait de plus en plus perdue dans un environnement où l'on attendait d'elle qu'elle soit toujours attentive et organisée.

Assise dans la salle de classe, elle avait l'impression que les leçons se déroulaient à une vitesse vertigineuse, comme si ses enseignants parlaient dans une autre langue. Elle essayait de suivre les consignes, mais son esprit vagabondait souvent, passant d'une idée à une autre sans jamais rester concentré sur une tâche précise. À chaque nouvelle matière, elle perdait le fil, incapable de se concentrer assez longtemps pour assimiler les informations.

Ses enseignants étaient bien intentionnés, mais souvent frustrés. « Jade, tu dois faire un effort ! » lui répétait-on. « Pourquoi ne fais-tu pas attention ? » Cette question la hantait, car Jade savait qu'elle voulait bien faire, mais ses pensées semblaient toujours échapper à son contrôle.

L'isolement et les moqueries

Au collège, l'environnement social devint aussi plus difficile. Jade avait du mal à se faire des amis, non pas parce qu'elle n'était pas sociable, mais parce que les autres enfants ne comprenaient pas ses comportements. Elle oubliait souvent de répondre quand on lui parlait, et cela donnait l'impression qu'elle ignorait les autres ou qu'elle était désintéressée.

Certains élèves ne manquaient pas de la taquiner. « Oh, Jade est encore dans la lune ! » « Hé, Jade, tu es avec nous ou tu es encore en train de rêver ? » Bien qu'elle essayât de ne pas montrer que cela la blessait, ces moqueries la touchaient profondément. Elle se sentait différente, mise à l'écart, et souvent incomprise. Le collège, au lieu d'être un endroit où elle pouvait s'épanouir, était devenu un lieu de tension et de stress.

Le diagnostic : comprendre ce qui se passe

C'est après une réunion avec ses enseignants que ses parents décidèrent de consulter un spécialiste. Le diagnostic tomba : Jade souffrait de troubles de l'attention. Pour ses parents, c'était une révélation. Ils comprirent enfin pourquoi leur fille avait toujours eu du mal à rester concentrée. Le spécialiste leur expliqua que les troubles de l'attention pouvaient être gérés avec des stratégies spécifiques et que, bien que cela ne soit pas facile, Jade pourrait apprendre à surmonter ses défis.

Pour Jade, le diagnostic fut un soulagement, mais aussi un choc. Elle se sentait à la fois rassurée de comprendre ce qui se passait dans sa tête, mais également déstabilisée par la manière dont cela affecterait sa vie. Elle craignait d'être stigmatisée ou d'être vue uniquement à travers le prisme de ses troubles. Mais sa mère, toujours optimiste, lui dit : « Tu n'es pas définie par ton trouble, Jade. Tu as juste un esprit qui fonctionne différemment, et cela peut aussi être une force. »

La découverte de la peinture

Quelques semaines après ce diagnostic, Jade fit une découverte qui allait changer sa vie. Un jour, après une journée particulièrement difficile au collège, elle se réfugia dans sa chambre pour échapper à ses pensées agitées. Elle tomba par hasard sur un vieux coffret de peinture à l'aquarelle, un cadeau que sa grand-mère lui avait offert quelques années plus tôt. Elle n'y avait jamais vraiment touché, mais ce soir-là, poussée par une intuition, elle décida de l'essayer.

Dès qu'elle appliqua le pinceau chargé de couleur sur le papier, Jade ressentit une sensation apaisante. Pour la première fois depuis longtemps, son esprit semblait se concentrer naturellement. Chaque coup de pinceau, chaque mélange de couleurs la captivait complètement. Elle ne pensait plus aux moqueries de ses camarades, ni à ses difficultés à l'école. La peinture devint pour elle un refuge, un lieu où elle pouvait s'évader et se concentrer pleinement sur ce qu'elle faisait.

Cette première expérience avec la peinture ouvrit un nouveau monde à Jade. Chaque jour, après les cours, elle se plongeait dans cet univers de couleurs et de formes. Ses toiles devenaient des expressions de ses pensées les plus profondes, celles qu'elle n'arrivait pas toujours à exprimer avec des mots.

L'impact de la peinture sur ses troubles de l'attention

Rapidement, ses parents et enseignants remarquèrent que quelque chose avait changé chez Jade. Elle semblait plus calme, plus concentrée lorsqu'elle peignait. Ce nouvel intérêt pour la peinture devenait un moyen pour elle de canaliser ses pensées dispersées. Pour la première fois, elle avait trouvé une activité qui lui permettait de se concentrer sans effort.

Ses parents décidèrent alors de l'encourager dans cette voie. Ils lui offrirent de nouvelles peintures, des pinceaux, et même un petit chevalet pour qu'elle puisse travailler plus confortablement. Jade, de son côté, ressentait une nouvelle confiance en elle. Chaque toile qu'elle achevait était une petite victoire contre ses troubles de l'attention.

Le projet de l'atelier artistique

Un jour, son enseignante d'arts plastiques, Mme Lemoine, annonça un grand projet pour le colège : un concours de peinture ouvert à tous les élèves. Les meilleures œuvres seraient exposées lors d'une journée portes ouvertes, et les gagnants se verraient offrir des prix spéciaux. Lorsque Jade entendit parler de ce projet, elle ressentit un mélange d'excitation et d'appréhension. Elle aimait peindre, mais l'idée de partager ses œuvres avec les autres la rendait nerveuse. Que penseraient ses camarades ? Se moqueraient-ils encore d'elle ?

Après quelques jours d'hésitation, Jade décida de se lancer. Elle choisit un thème qui lui tenait à cœur : les émotions. Elle voulait peindre une série de tableaux qui exprimeraient ses sentiments et ses pensées, celles qu'elle n'arrivait pas à communiquer verbalement. Elle commença à travailler avec passion, passant des heures à mélanger les couleurs et à peaufiner les détails de ses toiles.

La magie de la peinture révélée

Le jour de l'exposition arriva enfin. Jade, nerveuse mais fière, présenta ses tableaux à Mme Lemoine, qui fut immédiatement impressionnée par la qualité de son travail. « Jade, ces tableaux sont magnifiques. Ils reflètent tellement d'émotions et de profondeur. » Jade rougit, touchée par les compliments de son enseignante.

Ses camarades, qui l'avaient longtemps moquée pour son comportement distrait en classe, furent eux aussi impressionnés. « Tu as vraiment un don pour la peinture », lui dit l'un des garçons qui l'avait autrefois taquinée. D'autres élèves vinrent admirer ses tableaux et lui poser des questions sur ses techniques. Pour la première fois, Jade ne se sentait plus jugée pour ses difficultés d'attention, mais admirée pour son talent et sa créativité.

Un changement de perspective

Cette expérience bouleversa la manière dont Jade se voyait et dont les autres la percevaient. Elle comprit que ses troubles de l'attention ne la définissaient pas. Ce qu'elle avait découvert à travers la peinture, c'était un moyen de transformer ses défis en une force créative. Elle pouvait canaliser son énergie et ses pensées dans quelque chose de beau, quelque chose qui parlait à tous sans avoir besoin de mots.

Ses enseignants, eux aussi, prirent conscience que Jade avait besoin de méthodes d'apprentissage adaptées. Ils commencèrent à lui donner des consignes plus claires, à l'aider à structurer son travail, et à lui permettre de faire des pauses régulières pour se recentrer. À la maison, ses parents l'encouragèrent à continuer la peinture, tout en l'aidant à organiser ses devoirs de manière plus efficace.

Les outils pour gérer les troubles de l'attention

Tout au long de son parcours, Jade développa plusieurs stratégies pour l'aider à mieux vivre avec ses troubles de l'attention :

1. **La peinture comme outil de concentration** : La peinture devint pour Jade une manière de se recentrer. Lorsqu'elle peignait, elle était totalement absorbée par son activité, ce qui lui permettait de calmer son esprit dispersé.

2. **Des pauses régulières** : Jade apprit qu'il était important de faire des pauses lorsqu'elle travaillait. Ces pauses lui permettaient de se recentrer et de repartir sur de bonnes bases.

3. **La gestion du temps** : Avec l'aide de ses parents et enseignants, Jade mit en place des routines de travail qui l'aidaient à mieux gérer son temps. Elle apprit à diviser ses tâches en petites étapes, afin de ne pas se sentir submergée.

4. **L'acceptation de soi** : Jade comprit que ses troubles de l'attention faisaient partie d'elle, mais qu'ils ne la définissaient pas entièrement. En trouvant des moyens de gérer ses difficultés, elle apprit à s'accepter telle qu'elle était.

Conclusion : Une nouvelle voie vers l'épanouissement

L'histoire de Jade montre que même face aux défis des troubles de l'attention, il est possible de trouver des moyens créatifs de s'exprimer et de s'épanouir. Grâce à la peinture, elle a découvert un moyen unique de gérer ses pensées et de transformer ses difficultés en une force créative. Jade prouva que, loin d'être une faiblesse, ses troubles de l'attention pouvaient devenir un atout lorsqu'elle trouvait les bons outils pour les gérer.

Questions de réflexion :

1. Comment Jade a-t-elle utilisé la peinture pour surmonter ses troubles de l'attention et se reconnecter avec ses camarades ?

2. Pourquoi est-il important de trouver des stratégies adaptées pour gérer ses difficultés et transformer ses défis en forces créatives ?

20. RÉVISER AVEC CLAIRE : QUAND LA MÉMOIRE EIDÉTIQUE TRANSFORME L'HISTOIRE EN JEU

Le cadeau d'une mémoire exceptionnelle

Claire, une adolescente de treize ans, était différente de la plupart des élèves de son collège. Elle possédait une mémoire eidétique, ce qui signifiait qu'elle pouvait se souvenir des moindres détails avec une précision étonnante. Des images, des mots, des dates, tout restait gravé dans son esprit comme si elle avait pris une photographie mentale. Cela la rendait particulièrement douée en histoire, où elle se souvenait sans effort des événements, des personnages historiques, et des cartes complexes.

Malgré cette capacité exceptionnelle, Claire ne vivait pas toujours cela comme un cadeau. Les autres enfants, en découvrant ses talents, la voyaient comme une « encyclopédie vivante », ce qui lui valait parfois des moqueries. « Alors, Claire, tu te souviens de ce qu'on a mangé mardi dernier à la cantine ? » ou encore « Hé, dis-nous l'histoire du prof d'histoire, toi qui sais tout ! »

Ces remarques blessaient Claire, qui avait l'impression que ses camarades ne la voyaient que pour sa mémoire et pas pour qui elle était. Pourtant, elle aimait profondément l'histoire, et ce don était pour elle un moyen de s'évader dans des époques révolues et fascinantes.

Le poids de l'incompréhension

Au collège, les enseignants voyaient en Claire une élève brillante. En classe, elle répondait souvent avec une précision impressionnante, ce qui avait fini par attirer l'attention. Cependant, cette capacité la plaçait aussi dans une situation délicate. Ses camarades la jalousaient parfois, et certains la trouvaient arrogante. « C'est facile pour elle, elle n'a même pas besoin d'étudier », murmuraient certains dans son dos.

Cette situation l'isolait peu à peu. Claire se retrouvait souvent seule pendant les récréations, plongée dans ses livres d'histoire ou errant dans le le C.D.I. du collège. Elle aurait aimé partager son amour de l'histoire avec les autres, mais elle ne savait pas comment le faire sans paraître « prétentieuse ».

Un jour, un incident survint qui la marqua profondément. Pendant une classe de révision, l'enseignant proposa un quiz d'histoire en équipes. Claire, naturellement, répondit à toutes les questions de son groupe, mais au lieu de la remercier, certains de ses camarades grognèrent. « T'as tout fait toute seule, c'est pas juste ! » lui dit l'un d'eux, visiblement agacé. Claire sentit son cœur se serrer. Elle n'avait jamais voulu monopoliser le jeu, mais elle avait simplement répondu aux questions parce qu'elle connaissait les réponses.

Ce jour-là, Claire réalisa que son don pouvait aussi être un fardeau.

Un enseignant attentif

M. Leduc, son professeur d'histoire, remarqua que Claire devenait de plus en plus isolée. Conscient de ses talents, mais aussi des défis sociaux que cela impliquait, il décida de l'aider. Un jour après la classe, il la retint pour discuter.

« Claire, je vois bien que tu as une capacité extraordinaire. Ta mémoire est impressionnante, mais je sens que cela te cause aussi des difficultés avec tes camarades. »

Claire baissa les yeux, gênée. « Je ne veux pas qu'ils pensent que je me crois meilleure qu'eux, Monsieur. Mais je ne peux pas m'empêcher de me souvenir des réponses. »

M. Leduc hocha la tête. « Je comprends. Ton talent est une force, Claire. Mais il ne s'agit pas seulement de savoir, il s'agit de comment tu peux utiliser ce savoir pour aider les autres. Et je pense que tu es capable de bien plus que de simplement mémoriser des dates. Tu pourrais partager ton savoir de manière à ce que cela inspire et aide tes camarades. »

Claire réfléchit à ces paroles. Et si elle pouvait faire de sa mémoire un outil pour améliorer les choses, plutôt que de se sentir exclue à cause d'elle ?

Un projet collaboratif

Quelques semaines plus tard, une opportunité se présenta. Le collège organisait un projet en groupe sur l'histoire locale, avec pour but de créer une exposition sur des événements historiques importants de la ville. Chaque équipe d'élèves devait rechercher un sujet spécifique et préparer une présentation pour la classe. Claire fut assignée à un groupe avec trois autres élèves : Lucas,

Emma, et Tom.

Au début, ses camarades étaient hésitants à travailler avec elle. Ils craignaient que Claire prenne tout en charge, comme cela s'était déjà produit dans le passé. Mais cette fois-ci, Claire se rappela les conseils de M. Leduc. Elle décida d'aborder le projet différemment.

Plutôt que de répondre à toutes les questions ou de diriger le groupe, Claire prit le temps d'écouter les idées de chacun. Elle utilisa sa mémoire eidétique pour se rappeler des détails importants, mais elle laissa ses camarades prendre des initiatives. Lorsque le groupe rencontra des difficultés pour trouver certaines informations, Claire utilisa ses connaissances pour les guider subtilement, sans tout faire à leur place.

« Tu es vraiment douée, Claire », dit Lucas après une séance de travail. « Mais cette fois, c'est agréable de travailler avec toi. On a tous l'impression de participer. »

Claire sourit. Pour la première fois, elle avait l'impression de ne pas être vue seulement pour sa mémoire, mais pour sa capacité à collaborer et à aider les autres.

Le succès de l'exposition

Le jour de la présentation arriva. Le groupe de Claire avait travaillé sur l'histoire de la ville pendant la Seconde Guerre mondiale, un sujet complexe mais fascinant. Grâce à la mémoire eidétique de Claire, ils avaient pu rassembler des détails précis sur des événements et des personnalités locales, et créer une exposition captivante.

Lorsque ce fut leur tour de présenter, Claire laissa ses camarades prendre la parole en premier. Chacun parla avec confiance de la partie sur laquelle il avait travaillé. Claire intervint à la fin, apportant des précisions et ajoutant des anecdotes intéressantes qui captivaient le public.

À la fin de leur présentation, toute la classe les applaudit. L'enseignant les félicita, et pour la première fois, Claire sentit qu'elle avait trouvé un équilibre entre utiliser son don et travailler en équipe.

Leçons d'un don précieux

Grâce à cette expérience, Claire réalisa que sa mémoire eidétique pouvait être bien plus qu'un simple moyen de se souvenir de faits. Elle pouvait utiliser cette capacité pour aider les autres, pour collaborer et pour créer des choses plus grandes qu'elle-même. Elle comprit aussi que partager son savoir de manière bienveillante et ouverte était la clé pour tisser des liens avec les autres.

Ses camarades, autrefois distants, commencèrent à la voir différemment. Ils venaient lui demander des conseils pour leurs devoirs d'histoire, mais aussi pour échanger sur d'autres sujets. Claire, qui s'était sentie isolée à cause de sa mémoire, découvrit que son don pouvait aussi la rapprocher des autres, lorsqu'elle l'utilisait avec humilité et générosité.

Des outils pour vivre avec une mémoire eidétique

Tout au long de son parcours, Claire développa des outils et des stratégies pour mieux vivre avec sa mémoire eidétique et en faire un atout :

1. **Le partage des connaissances** : Claire apprit que sa mémoire pouvait être utilisée pour aider les autres à mieux comprendre les sujets complexes. En partageant son savoir de manière bienveillante, elle créa des liens et se fit des amis.

2. **La collaboration** : Plutôt que de tout faire elle-même, Claire apprit à travailler en équipe et à laisser de la place aux idées des autres. Cela lui permit de ne plus se sentir isolée et de

participer à des projets collaboratifs.

3. **La gestion des informations** : Pour ne pas se sentir submergée par toutes les informations qu'elle retenait, Claire apprit à structurer ses connaissances et à les utiliser à bon escient, en fonction des besoins.

4. **L'équilibre entre mémoire et humilité** : Claire comprit que sa mémoire était un don, mais qu'il était important de rester humble et de ne pas l'utiliser pour se mettre en avant. En aidant les autres de manière discrète, elle gagna leur respect et leur amitié.

Conclusion : Un don au service des autres

L'histoire de Claire montre qu'un don, aussi exceptionnel soit-il, peut devenir un fardeau s'il n'est pas bien compris. Mais lorsque ce don est utilisé de manière positive et partagée avec les autres, il devient une force qui peut aider et inspirer. Claire prouva que sa mémoire eidétique n'était pas simplement un outil de performance individuelle, mais un moyen de créer des liens et de faire grandir ceux qui l'entouraient.

Questions de réflexion :

1. Comment Claire a-t-elle utilisé sa mémoire eidétique pour aider ses camarades et transformer leur perception d'elle ?

2. Pourquoi est-il important de partager ses dons avec les autres de manière bienveillante et collaborative ?

21. SOUFFLE AU CŒUR ET DÉTERMINATION : L'INSPIRATION DE SARAH

Une découverte inattendue

Sarah, 12 ans, adorait courir dans la cour du collège, jouer au foot avec ses amis et se donner à fond dans les activités sportives. Depuis toujours, elle débordait d'énergie, et personne n'aurait pu imaginer que quelque chose la ralentirait. Pourtant, lors d'une visite médicale de routine, tout bascula.

Le médecin annonça à Sarah et ses parents une découverte troublante : Sarah avait un souffle au cœur. Cette anomalie, bien que bénigne, nécessitait une attention particulière et surtout, un ralentissement dans ses activités physiques. Pour Sarah, cette nouvelle était un véritable coup de massue. Comment allait-elle continuer à jouer au foot, à courir, à vivre sa passion pour le sport si son propre cœur la freinait ?

Le médecin tenta de la rassurer, mais pour une enfant aussi active que Sarah, les restrictions furent difficiles à accepter. De retour au collège, Sarah se sentit immédiatement mise à l'écart. Elle ne pouvait plus jouer au foot, ni courir pendant les récréations. Les questions et les moqueries de ses camarades ne tardèrent pas à venir.

Les premières incompréhensions

« Pourquoi tu ne cours plus avec nous, Sarah ? » demanda un de ses amis d'un ton curieux. Gênée, Sarah expliqua rapidement sa situation. Mais les choses ne furent pas aussi simples. « Tu as peur de te casser ? » se moqua un autre élève. Même si les moqueries étaient souvent légères et innocentes, elles blessaient profondément Sarah. Elle se sentait incomprise, voire fragile aux yeux des autres, elle qui avait toujours été une fille active et débordante de vie.

L'un des moments les plus difficiles fut lorsqu'un de ses camarades lança : « C'est dommage, tu étais bonne au foot, maintenant tu es inutile sur le terrain. » Ces mots, bien que maladroits, résonnèrent dans l'esprit de Sarah pendant des semaines. Elle se sentait enfermée dans une prison que son propre corps avait créée.

La rencontre avec le cardiologue

Quelques mois après cette annonce, les parents de Sarah décidèrent de l'emmener voir un cardiologue, le Dr Morel. Spécialiste des jeunes patients, il avait l'habitude d'accompagner des enfants comme Sarah, avec des conditions cardiaques particulières.

Lors de leur première rencontre, Sarah raconta ses frustrations. « J'adore le sport, mais maintenant, j'ai l'impression que je ne peux plus rien faire. » Le Dr Morel l'écouta attentivement, puis lui sourit. « Sarah, tu peux toujours faire plein de choses. Il ne s'agit pas d'abandonner, mais de t'adapter. Ton corps a besoin de soin, mais cela ne signifie pas que tu ne peux plus t'amuser ou découvrir de nouvelles passions. Il te suffit de trouver ce qui te convient le mieux. »

Cette rencontre fut un déclic pour Sarah. Plutôt que de se concentrer sur ce qu'elle ne pouvait plus faire, elle réalisa qu'elle devait trouver des activités adaptées à son souffle au cœur. Ce n'était pas la fin de ses aventures, mais le début de nouvelles découvertes.

La découverte des échecs

Peu de temps après, le collège de Sarah organisa une semaine thématique sur les jeux de stratégie, dont le tournoi d'échecs était l'événement phare. Le sport était encore une passion pour elle, mais elle sentait qu'elle devait explorer d'autres horizons, des activités qui ne mettraient pas trop de pression sur son cœur.

Un jour, elle décida de suivre un groupe de camarades qui se rendait à la salle des échecs après les cours. Ce fut là que Sarah découvrit pour la première fois ce jeu. Au début, elle trouva les règles compliquées, mais quelque chose dans la stratégie et la réflexion requises l'attirait. C'était un jeu où tout se passait dans la tête, une véritable compétition intellectuelle, bien loin des efforts physiques auxquels elle avait été habituée.

Rapidement, elle se mit à pratiquer avec acharnement, passant des heures à lire des livres sur les ouvertures d'échecs, à étudier les mouvements des pièces, et à analyser les parties de grands maîtres. Contrairement aux autres activités, les échecs lui donnaient une nouvelle forme de compétition, une qui ne dépendait pas de son souffle au cœur, mais uniquement de sa capacité à réfléchir et à anticiper.

Une passion grandissante

Jour après jour, Sarah progressa dans le jeu. Le collège proposait des tournois hebdomadaires auxquels elle s'inscrivit. Bien que ce soit un nouveau monde pour elle, sa détermination et son goût du challenge la propulsèrent rapidement parmi les meilleurs joueurs de sa catégorie. Lorsqu'elle se concentrait sur l'échiquier, toutes ses frustrations liées à son souffle au cœur semblaient s'évanouir. Elle trouvait une forme de paix dans la stratégie, où chaque mouvement comptait.

Cependant, malgré ses progrès fulgurants, certains de ses camarades continuaient à la taquiner. « Sarah, la joueuse d'échecs... Tu es devenue une intello, maintenant ? » Bien que ces remarques la dérangent, elles ne la touchaient plus autant qu'avant. Elle avait trouvé un espace où elle pouvait briller sans avoir à se soucier de son souffle au cœur.

Le tournoi inter-collèges

Quelques mois plus tard, un grand tournoi inter-collèges fut annoncé, et Sarah décida de s'inscrire. C'était pour elle une occasion de prouver, non seulement à ses camarades, mais surtout à elle-même, qu'elle pouvait exceller dans une discipline différente. Elle savait que ce tournoi serait un défi de taille, mais elle était prête à se donner à fond.

Pendant les semaines précédant l'événement, elle s'entraîna avec son père, lui-même passionné par les échecs. Ils passèrent des soirées entières à jouer, à discuter des stratégies et à perfectionner ses mouvements. Sarah se sentait enfin à sa place, loin des terrains de foot et des jeux de courses. Ici, c'était elle, l'échiquier et sa réflexion.

Le jour du tournoi arriva. La salle était remplie de jeunes joueurs de divers collèges. L'ambiance était à la fois sérieuse et excitante. Les parties s'enchaînèrent et, à chaque tour, Sarah restait concentrée. Elle savait que la clé de la victoire était la patience et l'anticipation.

Après plusieurs heures de compétition, elle atteignit la finale. Son adversaire, un garçon de son âge, était redoutable. Mais Sarah n'était pas intimidée. Tout au long de la partie, elle garda son calme, analysa chaque mouvement et, au moment décisif, plaça une attaque inattendue qui renversa la situation.

Le silence régna pendant quelques secondes avant que l'arbitre annonce : « Victoire de Sarah ! » Le public éclata en applaudissements. Sarah venait de remporter le tournoi inter-collèges. Ce fut un moment de triomphe, non seulement parce qu'elle avait gagné, mais parce qu'elle avait trouvé un nouveau moyen de s'épanouir malgré ses contraintes physiques.

Les outils pour vivre avec un souffle au cœur

Tout au long de son parcours, Sarah découvrit plusieurs outils qui l'aidèrent à gérer sa condition et à vivre pleinement sa passion pour les échecs :

1. **Écouter son corps** : L'une des premières leçons que Sarah apprit fut d'écouter les signaux que lui envoyait son corps. Lorsqu'elle se sentait fatiguée, elle savait qu'il était important de prendre des pauses et de se reposer. Cela lui permit d'éviter des efforts excessifs tout en continuant à profiter des activités qui lui plaisaient.

2. **Respiration et relaxation** : Le souffle au cœur pouvait parfois provoquer des sensations d'anxiété, surtout lorsqu'elle était stressée par un tournoi. Sarah découvrit que des techniques de respiration et de relaxation l'aidaient à mieux gérer son stress et à rester concentrée.

3. **Explorer de nouvelles passions** : Le passage des activités physiques aux échecs ne fut pas facile, mais il montra à

Sarah que, même si elle devait renoncer à certaines choses, d'autres opportunités s'offraient à elle. Les échecs devinrent une passion qui la remplissait de fierté.

4. **Le soutien familial et scolaire** : Les encouragements de ses parents, de ses professeurs et de certains amis furent essentiels pour que Sarah ne se sente pas seule dans ce combat. Elle comprit qu'elle n'avait pas à tout affronter seule et que le soutien des autres était une force inestimable.

Conclusion : Une inspiration sans limites

L'histoire de Sarah montre que, malgré un souffle au cœur, il est possible de trouver de nouvelles passions et de vivre pleinement. En apprenant à écouter son corps et en explorant de nouveaux horizons, Sarah transforma ce qui aurait pu être un obstacle en une source d'inspiration.

Sa victoire au tournoi d'échecs marqua un tournant dans sa vie. Elle avait prouvé que, même si ses capacités physiques étaient limitées, son esprit et sa détermination n'avaient pas de limites. Aujourd'hui, elle continue de jouer aux échecs, mais elle sait aussi que sa véritable victoire réside dans le fait d'avoir trouvé un équilibre entre sa santé et ses passions.

Questions de réflexion :

1. Comment Sarah a-t-elle réussi à transformer ses limitations physiques en force mentale pour exceller dans un domaine comme les échecs ?

2. Pourquoi est-il important de découvrir de nouvelles passions lorsque nos capacités changent ? Comment cela peut-il nous aider à grandir et à surmonter les obstacles ?

22. DE LA TIMIDITÉ À LA LUMIÈRE : LÉA ET SON VOYAGE THÉÂTRAL

Les débuts dans l'ombre

Léa était une élève discrète. À douze ans, elle faisait tout pour ne pas attirer l'attention. Assise au fond de la classe, elle évitait soigneusement le contact visuel avec les autres, espérant que personne ne la remarque. Ce n'était pas qu'elle n'avait rien à dire, au contraire, Léa avait des idées plein la tête, mais les mots restaient bloqués. Sa timidité excessive la paralysait chaque fois qu'elle se retrouvait en situation sociale.

Les questions du professeur étaient une épreuve pour elle. Si, par malheur, quelqu'un lui posait une question directe, son cœur s'emballait, ses joues s'empourpraient, et elle peinait à prononcer ne serait-ce qu'une phrase. Ses camarades ne se moquaient pas méchamment, mais Léa entendait parfois des chuchotements : « Pourquoi elle est toujours aussi silencieuse ? », ou encore, « On dirait qu'elle a peur de tout ». Ces remarques anodines la faisaient encore plus se replier sur elle-même.

L'isolement et l'incompréhension

Au collège, la situation de Léa ne s'améliora pas. Dans les couloirs, elle se tenait toujours à l'écart, observant de loin ses camarades qui bavardaient joyeusement. Parfois, elle s'imaginait pouvoir s'intégrer et participer aux discussions. Mais à chaque tentative, elle échouait. Un simple « bonjour » lui coûtait tellement d'effort qu'elle préférait finalement rester dans son coin.

Ses amis, peu nombreux, tentaient parfois de l'inclure dans les conversations, mais Léa restait en retrait, se sentant toujours à part. La timidité excessive qui la caractérisait ne se limitait pas aux discussions. Elle évitait également toutes les activités qui nécessitaient de se mettre en avant, comme les exposés ou les participations à des projets scolaires.

Un jour, lors d'une activité de groupe, son professeur demanda à Léa de présenter le travail devant la classe. La terreur s'empara d'elle. Ses mains tremblaient, sa gorge se serrait, et avant même d'avoir dit un mot, elle sentit les larmes monter. Finalement, elle ne put pas parler, et un de ses camarades la remplaça. Cet épisode marqua profondément Léa, renforçant son sentiment d'inadéquation.

La rencontre avec Mme Joubert

La vie de Léa prit un tournant inattendu le jour où elle rencontra Mme Joubert, la nouvelle professeure de théâtre du collège. C'était une femme pétillante, pleine de vie et passionnée par son métier. Elle croyait au pouvoir du théâtre pour révéler les talents cachés et aider les enfants à s'exprimer.

Un après-midi, Mme Joubert vint présenter son atelier de théâtre à la classe. Elle proposa aux élèves de rejoindre le club pour préparer une pièce de théâtre qui serait présentée en fin d'année. Rien que l'idée de monter sur scène donna des frissons à Léa. Le théâtre, c'était tout ce qu'elle redoutait : être vue, être écoutée, être jugée. Non, cela n'était définitivement pas pour elle.

Mais Mme Joubert avait l'œil pour repérer les talents. Elle remarqua tout de suite la timidité de Léa et la curiosité qui brillait dans ses yeux, bien qu'elle essayait de la cacher. Après le cours, elle s'approcha d'elle et lui dit doucement : « Léa, tu devrais venir essayer. Le théâtre pourrait t'aider à surmonter ta timidité. C'est un espace où tu peux être quelqu'un d'autre, juste le temps d'une scène. »

Léa hésita. L'idée de jouer un rôle lui semblait à la fois terrifiante et fascinante. Mais quelque chose dans le ton bienveillant de Mme Joubert la rassurait.

Les premiers pas sur scène

Quelques jours plus tard, Léa se décida finalement à participer à l'atelier de théâtre. Lorsqu'elle entra dans la salle, son cœur battait à tout rompre. Les autres élèves semblaient déjà à l'aise, plaisantant entre eux, tandis qu'elle se tenait en retrait, toujours la dernière à s'exprimer. Mme Joubert, toujours attentive, lui fit signe de s'approcher et lui proposa un exercice simple : marcher sur la scène, en silence, en imaginant qu'elle était dans un rôle.

D'abord hésitante, Léa se mit à marcher timidement. Elle sentait les regards sur elle et chaque pas lui semblait plus difficile que le précédent. Mais Mme Joubert l'encourageait : « Imagine que tu es une reine, marche avec confiance, Léa. » Cette simple phrase changea tout. Peu à peu, elle se mit à se tenir plus droite, à poser ses pieds avec plus d'assurance. Ce n'était qu'un petit exercice, mais pour Léa, c'était un premier pas important vers la sortie de sa coquille.

Au fil des séances, Mme Joubert proposa à Léa de prendre des petits rôles, des personnages secondaires sans beaucoup de texte, mais qui nécessitaient d'être présents sur scène. Cela lui permettait de s'habituer à l'espace, aux lumières, aux regards des autres. Même si elle était encore loin de se sentir à l'aise, chaque répétition la renforçait un peu plus.

Le tournant décisif

Un jour, lors d'une répétition, Mme Joubert annonça que l'une des élèves principales ne pourrait pas continuer à jouer son rôle dans la pièce. Elle chercha donc un remplaçant parmi les élèves. À la grande surprise de Léa, Mme Joubert proposa qu'elle prenne la place. « Léa, tu es prête, j'en suis sûre », lui dit-elle avec un sourire encourageant.

Léa était pétrifiée. Elle, dans un rôle principal ? Jamais elle n'en serait capable. Pourtant, au fond d'elle, une petite voix lui disait qu'elle pouvait essayer. « C'est une occasion en or », se dit-elle. Après quelques secondes d'hésitation, elle accepta.

Les premières répétitions furent difficiles. Elle avait du mal à se souvenir de ses répliques, à parler assez fort pour que tout le monde l'entende, mais Mme Joubert la guidait patiemment, l'aidant à trouver sa voix, littéralement et métaphoriquement. Elle l'encourageait à s'exprimer avec conviction, à ne pas avoir peur de ce que les autres pourraient penser.

Petit à petit, Léa commença à prendre confiance. Jouer un personnage lui donnait la liberté de s'exprimer sans avoir peur du jugement. Ce n'était pas Léa qui parlait sur scène, mais son personnage. Ce détachement lui permit de se libérer et de commencer à s'amuser. Ses camarades, surpris par cette transformation, commencèrent à la voir sous un autre jour. Elle n'était plus « Léa la timide », mais Léa, celle qui avait osé prendre le rôle principal.

La représentation finale

Le jour de la représentation arriva. Toute l'école était rassemblée pour voir la pièce, et Léa sentit une boule d'anxiété se former dans son estomac. Mais cette fois-ci, ce n'était pas la même peur que d'habitude. Elle se sentait prête. Prête à montrer ce dont elle était capable, prête à affronter le regard des autres.

La pièce commença, et dès les premières répliques, Léa se plongea dans son personnage. Chaque mot sortait avec assurance, chaque geste était maîtrisé. Elle ne pensait plus à sa timidité, elle vivait pleinement l'instant présent.

Lorsque la pièce se termina et que les applaudissements éclatèrent, Léa se sentit envahie par une vague de fierté. Elle avait réussi. Elle avait surmonté ses peurs et découvert une force en elle qu'elle ne soupçonnait pas.

Les outils pour surmonter la timidité

À travers son expérience théâtrale, Léa découvrit plusieurs outils qui l'aidèrent à gérer sa timidité excessive :

1. **La respiration** : Avant chaque scène, Léa apprit à contrôler son souffle. Cela l'aidait à calmer son anxiété et à mieux se concentrer sur ce qu'elle avait à dire. La respiration profonde devint un outil précieux qu'elle utilisa aussi en dehors de la scène, pour affronter d'autres situations sociales stressantes.

2. **L'auto-affirmation** : À travers le théâtre, Léa apprit à s'affirmer. Prendre un rôle, parler à voix haute, tout cela l'aida à se sentir plus sûre d'elle. Elle commença à utiliser ces techniques dans sa vie quotidienne, osant peu à peu exprimer ses opinions en classe ou avec ses amis.

3. **Le détachement** : Jouer un personnage permit à Léa de se

détacher de sa peur d'être jugée. Elle comprit que les autres ne la voyaient pas toujours de manière aussi critique qu'elle se l'imaginait, et cela lui donna le courage de s'exprimer.

4. **Le soutien des autres** : L'accompagnement bienveillant de Mme Joubert et le respect de ses camarades furent essentiels pour que Léa prenne confiance. Elle réalisa qu'il était important de ne pas affronter seule ses peurs et de s'entourer de personnes qui la soutenaient.

Conclusion : De la timidité à la lumière

Le voyage de Léa, de la timidité à la lumière, montre que la timidité excessive n'est pas une fatalité. En osant se confronter à ses peurs, en acceptant l'aide des autres et en trouvant des moyens de s'exprimer, elle parvint à surmonter ses blocages. Le théâtre devint pour elle un lieu de liberté, où elle apprit à se connaître et à s'affirmer.

Cette expérience changea profondément sa vie, tant au collège que dans ses relations sociales. Aujourd'hui, Léa n'a plus peur de prendre la parole, et bien qu'elle reste naturellement réservée, elle sait désormais qu'elle peut surmonter sa timidité et briller quand elle le souhaite.

Questions de réflexion :

1. Comment le théâtre a-t-il aidé Léa à surmonter sa timidité excessive ? Quels sont les outils qu'elle a appris à utiliser pour s'affirmer ?

2. Pourquoi est-il important de sortir de sa zone de confort pour affronter ses peurs, même si cela semble effrayant au départ ? Comment les autres peuvent-ils jouer un rôle dans ce processus ?

23. DÉCOUVERTE ACCESSIBLE : MAYA ET SON VOYAGE EN FAUTEUIL ROULANT

Une nouvelle réalité

Maya n'avait que douze ans lorsqu'un accident tragique bouleversa sa vie. Un après-midi ensoleillé de printemps, elle se rendait au collège avec sa mère en voiture, comme tous les jours. Mais ce jour-là, un virage mal calculé par un autre conducteur entraîna une collision. Les conséquences de l'accident furent lourdes pour Maya. Elle se réveilla à l'hôpital avec une moelle épinière gravement touchée. La nouvelle fut difficile à accepter : elle ne pourrait plus marcher et serait désormais dépendante d'un fauteuil roulant.

Ce fut un choc immense pour une fille qui avait toujours été dynamique, adorant les activités sportives, les sorties avec ses amis, et plus que tout, la liberté de courir dans les champs près de sa maison. Désormais, chaque mouvement devait être repensé, chaque déplacement anticipé.

Retourner au collège

Après plusieurs semaines de rééducation, Maya fit son retour en classe, mais tout semblait différent. Ses camarades l'accueillirent avec enthousiasme, mais elle ressentait une distance. Certains ne savaient pas comment se comporter face à sa nouvelle situation. Ils étaient gentils, mais maladroits. D'autres, par manque de compréhension ou par peur, évitaient de lui parler.

Au fil des jours, Maya se sentit de plus en plus isolée. Dans la cour de récréation, elle observait ses amis jouer au foot ou courir en riant, mais elle ne pouvait plus les rejoindre. Ses jambes lui manquaient, tout comme l'insouciance qu'elle ressentait autrefois. Elle se souvint d'une journée particulièrement difficile où un garçon de sa classe l'avait regardée et avait lancé à un autre élève : « Elle ne pourra plus jamais jouer avec nous... » Ces mots avaient résonné dans son esprit toute la journée.

Une rencontre décisive

Un jour, alors qu'elle était en classe, elle remarqua Mme Fournier, une nouvelle enseignante, entrer dans la salle pour enseigner la géographie. Mme Fournier, une femme au sourire bienveillant, semblait avoir une approche différente des autres enseignants. Après le cours, elle s'approcha de Maya avec un regard plein de compréhension.

« Tu aimes les voyages, Maya ? » demanda Mme Fournier d'une voix douce. Maya, surprise par la question, hocha la tête. « J'adorais ça avant... mais maintenant, je ne peux plus vraiment voyager, vous voyez... »

Mme Fournier sourit. « Voyager, ce n'est pas seulement marcher ou grimper des montagnes. Tu peux voyager à travers les livres, les cartes, et même ton imagination. Tu es encore capable de découvrir tellement de choses, Maya. Et qui sait, il y a des moyens d'explorer même avec un fauteuil roulant. »

Ces paroles touchèrent profondément Maya. Elle réalisa qu'il y avait peut-être un autre chemin pour elle, une manière différente de vivre les aventures qu'elle aimait tant.

Une nouvelle passion

Encouragée par cette conversation, Maya se rendit au C.D.I. du collège, décidée à suivre le conseil de Mme Fournier. Là, elle découvrit des livres sur les grands explorateurs, des récits d'aventures dans des terres lointaines, mais aussi des ouvrages sur les voyages accessibles aux personnes en fauteuil roulant. Elle ne savait pas que de tels voyages étaient possibles, et cette découverte éveilla en elle un nouveau rêve : prouver que rien n'était impossible, même avec des limitations physiques.

Maya se plongea dans ces récits avec passion. Elle découvrit des personnes comme elle, qui avaient parcouru le monde, traversé des déserts, visité des montagnes et découvert des cultures fascinantes, tout en étant en fauteuil roulant. Cela lui donna une nouvelle perspective sur sa propre vie. Elle réalisa que même si son corps avait changé, ses rêves ne devaient pas s'éteindre.

Le projet de voyage

Avec l'aide de Mme Fournier, Maya décida de se lancer dans un projet audacieux : organiser une exposition au collège sur les voyages accessibles. Elle voulait inspirer ses camarades, mais aussi montrer à tout le monde que les limites physiques ne signifiaient pas l'arrêt des découvertes.

Le projet débuta avec enthousiasme. Mme Fournier guida Maya dans ses recherches, lui fournissant des ressources et des contacts de voyageurs qu'elle pouvait interviewer. Maya envoya des messages à des aventuriers en fauteuil roulant qu'elle avait trouvés en ligne. Certains lui répondirent, partageant leurs expériences de voyages à travers le monde et des astuces pour rendre chaque étape accessible.

Chaque histoire qu'elle découvrait renforçait sa détermination. Les défis qu'ils avaient relevés semblaient immenses, mais leur persévérance et leur passion inspiraient Maya. Elle commença à assembler ces récits, à collecter des cartes des destinations accessibles et à rédiger des fiches d'information sur les meilleures façons de voyager avec des limitations physiques.

Le jour de l'exposition

Le jour de l'exposition arriva finalement. Maya était nerveuse, mais aussi excitée. Elle avait préparé son discours, révisé plusieurs fois ses notes, et installé les différents panneaux d'affichage dans le réfectoire du collège. La salle se remplissait peu à peu de ses camarades, enseignants et parents curieux de découvrir ce qu'elle avait à montrer.

Quand Maya prit la parole, un silence respectueux s'installa. Elle commença par raconter l'histoire de son accident, non pas pour susciter la pitié, mais pour expliquer son parcours personnel. Elle parla ensuite des nombreux voyageurs qu'elle avait découverts, partageant leurs récits incroyables de traversées de continents, de montagnes et de villes historiques, malgré leurs handicaps. À travers son discours, Maya montra à ses camarades que les limites physiques n'étaient pas des obstacles infranchissables, mais des défis qui pouvaient être relevés avec courage et détermination.

À la fin de son discours, Maya reçut une standing ovation. Ses camarades étaient émus et impressionnés par tout ce qu'elle avait appris et partagé avec eux. Ce jour-là, elle sentit une nouvelle connexion avec eux, un lien qu'elle n'avait pas ressenti depuis longtemps. Elle avait montré une facette d'elle-même qu'ils ne connaissaient pas, et ils l'acceptèrent pleinement.

La suite de l'aventure

Après le succès de l'exposition, la vie de Maya changea progressivement. Elle se sentit plus en confiance et plus ouverte aux autres. Ses camarades commencèrent à lui poser des questions sur les voyages et à l'inviter à participer à d'autres projets. Son fauteuil roulant, autrefois perçu comme un obstacle, devint un symbole de force et de résilience.

Encouragée par sa réussite, Maya continua à explorer de nouvelles passions. Elle se mit à rêver de voyages, non seulement à travers les livres, mais aussi dans la réalité. Elle persuada ses parents de planifier des vacances dans une destination accessible, et ensemble, ils partirent pour leur premier grand voyage depuis l'accident. Ce fut une expérience inoubliable pour Maya. Elle réalisa que, même avec un fauteuil roulant, elle pouvait vivre des aventures, découvrir des paysages et rencontrer des gens du monde entier.

Les outils pour une vie épanouie

Tout au long de son parcours, Maya développa plusieurs outils et stratégies qui l'aidèrent à mieux vivre avec sa déficience motrice et à trouver son propre chemin :

1. **Apprendre à demander de l'aide** : Maya comprit que demander de l'aide n'était pas un signe de faiblesse, mais de force. Que ce soit pour monter une pente raide ou pour organiser son exposition, elle accepta l'aide des autres avec gratitude.

2. **Se fixer des objectifs réalistes** : Plutôt que de se concentrer sur ce qu'elle ne pouvait plus faire, Maya choisit de se fixer de nouveaux objectifs réalisables. Cela lui permit de garder sa motivation et de se sentir accomplie.

3. **Accepter les hauts et les bas** : Il y avait des jours où Maya se

sentait découragée, mais elle apprit à accepter ces moments tout en se rappelant que chaque difficulté pouvait être surmontée.

4. **Célébrer les petites victoires** : Que ce soit réussir à monter une rampe d'accès seule ou donner son premier discours devant un public, Maya apprit à célébrer chaque petite victoire, renforçant ainsi sa confiance en elle.

5. **S'entourer de personnes bienveillantes** : Le soutien de sa famille, de ses amis et de Mme Fournier fut essentiel pour que Maya puisse se reconstruire après l'accident. Elle apprit à apprécier l'importance de s'entourer de personnes qui croient en elle.

Conclusion : Un voyage qui ne fait que commencer

L'histoire de Maya montre qu'aucun obstacle, aussi grand soit-il, ne peut stopper une personne déterminée. Grâce à son courage, son ouverture d'esprit et l'aide des autres, elle transforma sa vie après un événement tragique. Sa passion pour la découverte, la culture et les voyages ne fut pas freinée par son fauteuil roulant, mais amplifiée par la manière dont elle choisit de voir le monde. Chaque nouvelle expérience, qu'elle soit physique ou intellectuelle, devint une aventure en soi, et Maya devint une source d'inspiration pour tous ceux qui la connaissaient.

Questions de réflexion :

1. Comment Maya a-t-elle utilisé son intérêt pour les voyages pour surmonter les difficultés liées à sa déficience motrice ?

2. Pourquoi est-il important de se fixer des objectifs réalistes et d'accepter l'aide des autres lorsqu'on fait face à des défis physiques ou émotionnels ?

24. MORGANE : DE LA DYSORTHOGRAPHIE À LA MAÎTRISE DU CONTE

Le poids des mots

Morgane était une fille vive et imaginative. Depuis qu'elle était petite, elle adorait les histoires, surtout celles qu'elle inventait elle-même. Lorsqu'elle jouait avec ses amies, elle aimait créer des mondes fantastiques remplis de héros, de créatures magiques, et de royaumes à sauver. Pourtant, dès qu'il s'agissait de mettre ces histoires par écrit, tout devenait soudainement difficile. Les mots semblaient se dérober à elle. Écrire un simple texte devenait un véritable calvaire.

Au collège, Morgane était souvent confrontée à des difficultés. La dictée était son cauchemar. Peu importe ses efforts, les erreurs d'orthographe s'accumulaient, et ses rédactions étaient souvent couvertes de rouge par son enseignant. Elle savait qu'elle avait des idées intéressantes, mais la manière de les exprimer sur papier ne reflétait jamais la richesse de son imagination. C'était comme si ses pensées et les mots qu'elle utilisait ne fonctionnaient pas ensemble.

Les remarques de ses camarades ne l'aidaient pas. « Encore des fautes, Morgane ? Tu devrais peut-être apprendre à écrire avant de rêver ! » se moquaient certains. Ces mots la blessaient profondément, mais elle les gardait pour elle, préférant ne pas répondre.

Le diagnostic de la dysorthographie

Un jour, après une réunion parents-enseignants, la principale du collège, Mme Frincault, proposa à ses parents de consulter un orthophoniste. Elle avait remarqué que malgré tous ses efforts, Morgane continuait à faire des erreurs persistantes en orthographe, bien au-delà de ce qui était habituel pour son âge.

Après plusieurs tests et séances avec un spécialiste, le verdict tomba : Morgane souffrait de dysorthographie, un trouble spécifique de l'apprentissage qui affectait sa capacité à orthographier correctement. À la maison, ses parents lui expliquèrent ce que cela signifiait. « Ce n'est pas que tu ne fais pas d'efforts, Morgane », dit son père. « C'est que ton cerveau fonctionne différemment, et c'est pour ça que l'orthographe te pose plus de difficultés que les autres. »

Ces mots apportèrent un certain soulagement à Morgane. Elle comprit que ce n'était pas une question de manque de travail ou de compétence, mais que son cerveau traitait l'information différemment. Cependant, cette nouvelle ne rendit pas les choses plus faciles à l'école. Malgré le diagnostic, elle se sentait toujours en décalage avec ses camarades.

La rencontre avec Mme Julien

Peu de temps après avoir appris qu'elle avait une dysorthographie, Morgane entra dans une nouvelle année scolaire et fit la rencontre de Mme Julien, une enseignante de français différente des autres. Mme Julien avait l'habitude de travailler avec des enfants qui avaient des troubles d'apprentissage, et dès les premiers jours, elle remarqua que Morgane avait quelque chose de spécial.

« Tu as beaucoup d'idées dans tes histoires, Morgane, mais je vois que tu as du mal à les exprimer clairement sur papier », lui dit-elle avec bienveillance après avoir corrigé une rédaction. Au lieu de se concentrer uniquement sur les fautes, comme le faisaient la plupart des enseignants, Mme Julien s'intéressa d'abord à ce que Morgane voulait raconter.

« L'orthographe, c'est important, bien sûr », expliqua Mme Julien, « mais ce qui compte avant tout, c'est l'histoire que tu veux partager. Il existe des outils pour t'aider avec l'orthographe, mais personne ne peut remplacer ton imagination. » Ces mots frappèrent profondément Morgane. Pour la première fois, elle sentit que quelqu'un la comprenait vraiment.

L'apprentissage des outils

Mme Julien décida d'aider Morgane à trouver des solutions concrètes pour surmonter sa dysorthographie sans étouffer sa créativité. Elle lui proposa plusieurs outils qui allaient l'aider à structurer ses idées et à mieux gérer ses difficultés.

1. Le clavier plutôt que le stylo : Mme Julien encouragea Morgane à écrire sur ordinateur. Le correcteur orthographique, bien que limité, l'aidait à repérer ses erreurs plus rapidement. Cela lui permettait de se concentrer davantage sur le contenu de son récit, plutôt que d'être constamment freinée par l'orthographe.

2. Les cartes mentales : Pour structurer ses idées, Mme Julien enseigna à Morgane comment créer des cartes mentales. Cela lui permettait de visualiser son histoire de manière non linéaire, en posant d'abord les grandes idées, puis en les reliant entre elles. Ce processus lui facilita la création de récits plus cohérents.

3. La relecture avec un autre regard : Plutôt que de relire immédiatement ses textes, Mme Julien conseilla à Morgane de les laisser reposer avant de les revoir. Cela lui permettait d'aborder la relecture avec un esprit plus frais, moins encombré par ses propres attentes.

4. L'écoute de ses textes : Un jour, Mme Julien introduisit Morgane à un logiciel de synthèse vocale qui lisait ses textes à haute voix. Cela permit à Morgane d'entendre ses récits et de repérer plus facilement les erreurs et incohérences, tout en apprenant à écouter son propre style d'écriture.

Grâce à ces outils, Morgane commença à reprendre confiance en elle. Bien sûr, elle faisait toujours des fautes d'orthographe, mais elle comprit que ces fautes ne définissaient pas la qualité de ses histoires.

La révélation lors du concours de contes

Quelques mois plus tard, le collège organisa un concours de contes. Tous les élèves étaient invités à écrire et à présenter une histoire originale. Pour Morgane, ce fut l'occasion rêvée de mettre en pratique tout ce qu'elle avait appris. Bien que l'idée de participer à un concours la rendait nerveuse, elle décida de relever le défi.

Pendant plusieurs semaines, elle travailla d'arrache-pied sur son conte. Elle utilisa ses cartes mentales pour structurer l'intrigue, rédigea sur l'ordinateur en se servant du correcteur, et relut plusieurs fois son texte à l'aide de la synthèse vocale. Petit à petit, son histoire prit forme.

Le jour du concours arriva, et chaque élève devait présenter son conte devant la classe. Lorsque ce fut au tour de Morgane, elle sentit son cœur battre à tout rompre. Mais elle prit une grande inspiration, se rappela les conseils de Mme Julien, et commença à lire son texte.

L'histoire qu'elle avait créée était captivante, pleine d'aventures, de personnages colorés et de rebondissements inattendus. À la fin de sa lecture, la classe entière resta silencieuse pendant quelques instants, puis éclata en applaudissements. Ce fut un moment de triomphe pour Morgane. Pour la première fois, elle ne se sentit plus définie par ses fautes d'orthographe, mais par la beauté de son récit.

Le chemin vers la maîtrise

Après cette expérience, Morgane continua à écrire. Elle ne laissa plus la dysorthographie la limiter. Bien sûr, elle continuait à rencontrer des obstacles, mais elle savait maintenant comment les surmonter. Ses histoires devinrent de plus en plus élaborées, et chaque nouveau texte qu'elle écrivait la rapprochait de son rêve de devenir une conteuse.

Mme Julien, toujours présente pour la soutenir, l'encouragea à poursuivre dans cette voie. Elle lui proposa même de participer à des ateliers d'écriture en dehors de l'école, où elle pourrait rencontrer d'autres jeunes auteurs et partager ses expériences.

Morgane comprit que la clé de la réussite n'était pas de chercher la perfection, mais de persévérer et de croire en ses capacités. Elle savait que sa dysorthographie ne disparaîtrait jamais complètement, mais cela ne l'empêchait pas de devenir une excellente conteuse.

Les outils pour surmonter la dysorthographie

Au cours de son parcours, Morgane apprit à utiliser plusieurs outils pour surmonter les défis de la dysorthographie tout en développant ses compétences d'écriture :

1. **Le correcteur orthographique** : En utilisant un traitement de texte avec un correcteur intégré, Morgane parvenait à identifier et corriger une partie de ses erreurs en temps réel, ce qui lui permettait de se concentrer davantage sur le contenu de son écriture.

2. **Les cartes mentales pour organiser ses idées** : Cette méthode visuelle l'aida à clarifier ses pensées et à structurer ses récits avant même de commencer à écrire, rendant l'ensemble du processus plus fluide.

3. **La relecture différée** : En laissant ses textes reposer avant de les relire, Morgane parvint à repérer ses erreurs plus facilement et à améliorer ses récits avec un esprit plus objectif.

4. **La lecture à haute voix** : Écouter ses histoires à l'aide de logiciels ou les lire elle-même à haute voix lui permit de repérer des erreurs qu'elle n'aurait pas vues autrement et d'améliorer le rythme de ses récits.

5. **L'entraînement régulier** : Morgane comprit que l'écriture était un processus qui demandait de la pratique. Plus elle écrivait, plus elle s'améliorait, et chaque nouvelle histoire était une opportunité d'apprendre.

Conclusion : Un voyage vers la maîtrise du conte

L'histoire de Morgane est celle d'une jeune fille qui a transformé une difficulté en force. Grâce à sa persévérance, à l'aide de Mme Julien et aux outils qu'elle a découverts, elle parvint à surmonter les obstacles liés à sa dysorthographie. Au lieu de laisser ce trouble la définir, elle utilisa son imagination débordante pour raconter des histoires magnifiques.

Morgane prouve qu'avec le bon soutien et les bons outils, il est possible de transformer un défi en opportunité. Sa passion pour les contes la mena bien au-delà des fautes d'orthographe, et lui permit de briller dans ce qu'elle aimait le plus : raconter des histoires.

Questions de réflexion :

1. Comment Morgane a-t-elle réussi à surmonter les défis posés par sa dysorthographie pour exprimer pleinement sa créativité à travers ses contes ?

2. Pourquoi est-il important d'utiliser des outils et des stratégies adaptées pour compenser une difficulté d'apprentissage, et comment cela peut-il permettre de développer son potentiel ?

25. CHANT ET ÉLOCUTION : ÉMILIE DÉPLOIE SA VOIX AU-DELÀ DES TROUBLES

Le début des difficultés

Émilie, une élève brillante et créative, entra au collège avec une profonde appréhension. Depuis son enfance, elle luttait contre un trouble de l'élocution qui rendait chaque conversation difficile. Elle avait du mal à prononcer certains sons, sa parole était souvent saccadée, et il lui arrivait parfois de se retrouver incapable de finir ses phrases. Si, dans l'intimité de son foyer, sa famille la soutenait et l'encourageait, la réalité du collège était bien différente.

Dans les couloirs bondés et bruyants du collège, Émilie se sentait souvent perdue. Ses camarades, qui n'étaient pas habitués à sa manière de parler, la regardaient parfois avec curiosité ou impatience. Certains enfants, sans malveillance mais par simple ignorance, faisaient des remarques sur sa façon de s'exprimer. « Pourquoi tu parles bizarrement ? », demanda un jour un garçon de sa classe. Bien que cette question fût innocente, elle la toucha profondément.

Émilie essayait de participer en classe, mais elle se retrouvait souvent incapable de prononcer correctement les mots, surtout lorsqu'elle était nerveuse. Lorsqu'elle se trompait, elle sentait les regards des autres se poser sur elle, et le rouge lui montait rapidement aux joues. Plus elle essayait de corriger ses erreurs, plus ses mots semblaient se confondre. Cette anxiété grandissante la poussa à éviter de parler, de répondre aux questions des professeurs, et même de participer aux discussions avec ses amis.

La découverte du chant

Pourtant, il y avait un moment où Émilie parvenait à se libérer de ses difficultés : lorsqu'elle chantait. Dès qu'elle entonnait une mélodie, sa voix devenait fluide, naturelle, et pleine d'émotion. Le chant lui permettait de s'exprimer sans les blocages habituels de la parole. C'était comme si la musique contournait ses problèmes d'élocution.

Émilie avait toujours aimé la musique. Elle passait des heures à écouter des chansons sur son téléphone et à fredonner les paroles de ses artistes préférés. Ce n'était cependant que lorsqu'elle entra en cours de musique au collège qu'elle réalisa à quel point le chant pourrait devenir une échappatoire et une solution à ses problèmes de communication.

Un jour, alors qu'Émilie chantait seule dans une salle de classe vide après les cours, Mme Joly, la professeure de musique, l'entendit par hasard. Surpris par la qualité de sa voix, elle s'approcha discrètement et l'écouta attentivement. Après qu'Émilie eut terminé, Mme Joly l'interpella. « Tu as une voix magnifique, Émilie ! As-tu déjà pensé à chanter devant un public ? » Émilie, étonnée d'avoir été entendue, secoua la tête.

« Tu sais, la musique pourrait t'aider à dépasser certaines de tes difficultés. Parfois, le chant permet d'exprimer ce que la parole a du mal à dire », ajouta Mme Joly avec bienveillance. Ces mots résonnèrent profondément en Émilie. Elle se mit à réfléchir à l'idée que le chant, plus qu'un simple passe-temps, pourrait devenir une clé pour résoudre ses problèmes d'élocution.

La décision de rejoindre la chorale

Encouragée par Mme Joly, Émilie décida de rejoindre la chorale du collège. Cela n'était pas facile pour elle. Bien qu'elle aimât chanter, l'idée de le faire en public, même au sein d'un groupe, la remplissait d'angoisse. Elle redoutait les jugements de ses camarades. Après tout, elle était déjà celle qui avait du mal à parler, comment pourrait-elle chanter devant eux ?

Mais le désir de surmonter ses peurs l'emporta. Lors de la première répétition, Émilie fut surprise de découvrir que, dans le groupe, personne ne semblait prêter attention à ses problèmes d'élocution. Le chant les unissait tous, et les différences s'effaçaient dans l'harmonie des voix. Peu à peu, elle trouva sa place dans la chorale, et sa confiance en elle grandit.

Au bout de quelques semaines, Émilie se sentit suffisamment à l'aise pour se proposer pour un petit solo lors d'un morceau. Ce fut un moment décisif pour elle. Chanter seule devant ses camarades lui donnait une immense peur, mais en même temps, elle sentait qu'il était temps de dépasser cette barrière.

La préparation du spectacle

Le spectacle de fin d'année approchait, et toute la chorale se préparait activement. Mme Joly, voyant les progrès d'Émilie, lui proposa de chanter un solo pour l'événement. « Je sais que tu en es capable, Émilie. Ta voix est unique, et je pense que tu es prête à la partager avec le monde. »

Les semaines précédant le spectacle furent remplies de répétitions et d'entraînements. Mme Joly ne se contenta pas de lui apprendre à chanter ; elle l'aida aussi à travailler sur son élocution à travers des exercices de respiration et de diction. Chaque jour, Émilie s'exerçait à prononcer les mots de manière plus claire, à ralentir son débit, et à respirer profondément avant chaque phrase. Mme Joly lui expliqua que ces techniques, bien qu'utilisées pour le chant, pouvaient aussi l'aider à mieux parler dans la vie de tous les jours.

Petit à petit, Émilie sentit que quelque chose changeait. Elle se sentait plus en contrôle de sa voix, non seulement lorsqu'elle chantait, mais aussi lorsqu'elle parlait. Sa parole devenait plus fluide, moins saccadée, et les blocages se faisaient plus rares. Ces petites victoires la motivaient à continuer.

Le jour du spectacle

Le jour du spectacle arriva enfin. Émilie était nerveuse, mais aussi excitée. Elle savait que ce moment représentait bien plus qu'une simple prestation musicale pour elle. C'était une occasion de prouver, à elle-même et à tous ceux qui la regardaient, qu'elle pouvait dépasser ses difficultés.

Lorsque son moment arriva, Émilie monta sur scène. Le public, composé de ses camarades, de leurs parents et des enseignants, l'observait avec curiosité. Les premières notes résonnèrent, et Émilie commença à chanter. Elle se laissa emporter par la musique, oubliant ses peurs et ses doutes. Sa voix s'éleva, forte et claire, sans la moindre hésitation.

À la fin de sa prestation, un tonnerre d'applaudissements remplit la salle. Émilie se sentit envahie par une vague de fierté. Elle l'avait fait. Elle avait surmonté ses peurs et chanté devant tout le monde. Mais au-delà du succès de cette performance, ce moment marqua un tournant dans sa perception d'elle-même.

Un changement de regard

Après ce spectacle, les camarades d'Émilie la regardèrent différemment. Ceux qui, auparavant, se moquaient de ses difficultés, vinrent la féliciter. Certains lui demandèrent même des conseils sur le chant, intrigués par la manière dont elle avait réussi à transformer une faiblesse apparente en force. Ce fut une révélation pour Émilie : elle n'était plus « la fille qui avait du mal à parler », mais une chanteuse talentueuse capable d'émouvoir un public.

Ce changement de perception se refléta aussi dans sa vie quotidienne au collège. Émilie se sentit plus à l'aise pour participer en classe, pour s'exprimer avec ses amis, et même pour aborder des sujets qui, autrefois, lui semblaient hors de portée. Le chant lui avait donné une nouvelle confiance, non seulement dans sa voix, mais aussi dans sa capacité à affronter les défis.

Des outils pour la vie

À travers son parcours, Émilie apprit plusieurs outils qui l'aidèrent à surmonter ses troubles de l'élocution et à mieux s'exprimer :

1. **La maîtrise de la respiration** : L'un des enseignements les plus précieux que Mme Joly lui offrit fut l'importance de la respiration. En apprenant à respirer profondément et régulièrement, Émilie parvint à contrôler ses blocages lorsqu'elle parlait. Elle appliqua ces techniques non seulement pour le chant, mais aussi dans ses conversations quotidiennes.

2. **Les exercices de diction** : Grâce à des exercices de prononciation et de diction, Émilie apprit à articuler plus

clairement et à prendre le temps de dire chaque mot. Ces exercices, bien que destinés au chant, eurent un effet bénéfique sur son élocution.

3. **Le pouvoir de la musique** : Le chant devint pour Émilie une véritable thérapie. Chaque note, chaque mot chanté lui permettait de s'exprimer librement, sans les contraintes qui l'entravaient lorsqu'elle parlait normalement. La musique devint une échappatoire, mais aussi un moyen de renforcer sa confiance en elle.

4. **La visualisation positive** : Avant chaque performance, Émilie se visualisait réussissant son solo, chantant parfaitement, sans hésitation. Cette technique, enseignée par Mme Joly, l'aida à surmonter ses angoisses et à se préparer mentalement pour les moments difficiles.

Conclusion : Une voix qui s'élève

L'histoire d'Émilie est celle d'une jeune fille qui a appris à transformer une difficulté en force. Grâce à la musique et au soutien de son entourage, elle découvrit que ses troubles de l'élocution ne la définissaient pas. Le chant devint un outil pour s'exprimer, mais aussi pour retrouver confiance en elle.

Aujourd'hui, Émilie continue à chanter, à se produire lors d'événements scolaires, mais surtout, elle parle avec plus de confiance. Bien qu'elle sache que ses troubles de l'élocution ne disparaîtront jamais complètement, elle a trouvé des moyens de les gérer, de les comprendre, et surtout de ne plus en avoir honte.

Questions de réflexion :

1. Comment Émilie a-t-elle utilisé le chant pour surmonter ses difficultés d'élocution et développer sa confiance en elle ?

2. En quoi la pratique d'une passion, comme le chant, peut-elle

aider à surmonter des obstacles personnels ?

CONCLUSION

En tournant la dernière page de ce livre, nous espérons que tu as trouvé inspiration et réconfort dans les histoires de Mélanie, Romane, Jessy, et bien d'autres, qui ont chacune surmonté des défis uniques pour révéler leurs incroyables talents. Ces récits ne sont pas seulement des histoires de succès individuels; ils sont des témoignages de la force de l'esprit humain, de la persévérance et de l'ingéniosité.

Chaque chapitre a illustré que, quelle que soit la nature du défi—qu'il s'agisse de dyslexie, de bégaiement, d'allergies alimentaires, ou d'une déficience visuelle—il y a toujours un chemin vers la maîtrise et le succès. Ces enfants et adolescentes ont transformé leurs obstacles en opportunités pour briller et inspirer:

- **Mélanie** a maîtrisé les mots.

- **Romane** a trouvé sa voix.

- **Jessy** a construit sa confiance.

- **Stéphanie, Mathilda, et Anne** ont redéfini leurs limites et utilisé leurs particularités pour créer et exceller.

- **Nina** et **Cécile** ont découvert et exploité leurs talents cachés, transformant l'hyperactivité et la dyscalculie en sources de créativité.

Ces jeunes héroïnes nous enseignent que, peu importe les obstacles, avec du courage, de la détermination et le bon soutien, il est possible de les surmonter et de se découvrir des forces insoupçonnées. Elles nous rappellent que la diversité de nos expériences enrichit nos communautés et nos vies, et que chacun de nous, à sa manière, peut contribuer au monde.

Nous espérons que ce livre t'encouragera à regarder au-delà des défis, à chercher des solutions créatives, et à ne jamais oublier que chaque difficulté peut devenir un tremplin vers quelque chose de beau et de grand. Garde ces histoires dans ton cœur comme des sources d'inspiration pour affronter tes propres défis avec espoir et confiance.

Merci de nous avoir accompagnés dans ce voyage. Puisses-tu trouver ta propre voie, tout comme Mélanie, Romane, Jessy et les autres l'ont trouvée, et puisses-tu inspirer à ton tour ceux autour de toi par ta résilience et ton éclat.

Du même auteur:

Vivre Vert : 50 petits gestes pour un Grand impact

Manger vert, manger mieux : 50 bonnes raisons de devenir flexitarien

50 nuances de végétal : votre guide Flexitarien - N°1

50 nuances de végétal : votre guide Flexitarien - N°2

50 nuances de végétal : votre guide Flexitarien - N°3

50 rendez-vous avec l'Extraordinaire : Explorez, vivez, respirez - N°1

50 rendez-vous avec l'Extraordinaire : Explorez, vivez, respirez - N°2

50 rendez-vous avec l'Extraordinaire : Explorez, vivez, respirez - N°3

50 ans c'est pas vieux pour un arbre : un guide pour célébrer la cinquantaine

Contes de l'esprit éclairé: 25 récits d'animaux inspirés par la philosophie bouddhiste et l'écologie

Garçons extra-ordinaires : 25 histoires pour comprendre et apprendre à surmonter ses différences (hyperactivité, phobie scolaire, dyslexie...)

COPYRIGHT © 2024
SÉBASTIEN D'ABOVILLE
ALL RIGHTS RESERVED

Aucune partie de ce livre ne peut être reproduite, ni stockée dans un système de récupération, ni transmise sous quelque forme ou par quelque moyen que ce soit, électronique, mécanique, photocopie, enregistrement ou autre, sans l'autorisation écrite expresse de l'éditeur.

www.ingramcontent.com/pod-product-compliance
Lightning Source LLC
Chambersburg PA
CBHW052256220526
45471CB00001B/359